# TABLES
# 改变中国互联网未来的六大力量

岑峰◎著

ZHEJIANG UNIVERSITY PRESS
浙江大学出版社

# 目　录

TABLES

第二章 T:“全民公敌”腾讯 | 021
摸石头过河的腾讯 | 024
曾李青和刘炽平 | 029
产品经理马化腾 | 038
从争第一到保第一 | 043
未来是一场没有终点的比赛 | 045

TABLES

第三章 A:阿里巴巴,马云的江湖梦 | 053
2003年的那次“非典” | 058
私生子淘宝 | 063
Matrix Ⅱ:Reload | 068
上 市 | 074
看不见的对手 | 077

TABLES

第四章 B:百度的中国,中国的百度 | 081
这里是中国 | 085
这该死的股价 | 091
高管真空和央视封杀 | 097
百尺竿头,更进一度 | 102

TABLES

第五章 L:奋斗之王雷军 | 111
天下没有不散的筵席 | 114

# 推荐序

## 翻开桌子看真相

和本书作者强调多次的外贸经验相同，作为一个曾经奋斗在国内传统贸易前线多年的现互联网人表示，在国内做生意，很多时候，桌面上的都是杯具、餐具，桌底下的交易才是真金白银。所以对于本书的名字，特别有好感。互联网的 TABLES，也是一张翻手云、覆手雨的桌子。这个 T，今天是腾讯，明天也许是新浪；这个 A，今天是阿里，明天可能是支付宝。毕竟，连支付宝都必须被转移出阿里的话，还有什么不可以转的？互联网的“桌子”，和任何传统生意，本质上没有区别。

为了说清楚互联网的那些事儿，本书非常八卦地白描了几位老大的发家史。有理由相信，作为 TABLES 的主角，他们肯定会看这本书，因为他们都是爱看书的文化人；也可以肯定，他们在看时会不断蛋疼，因为他们都是不断试图树立自己“伟光正”形象的主。

这就是本书的亮点所在，绕开了一切为成功企业立传的刷漆行为，解构了成功人士的非人格局，把金字塔顶端的神拉回人间，然后告诉我们，只要方向正确，坚持住，抓住了机会，你也有坐到那张桌子边上去的时候。他们之所以能坐到桌子前面，不是因为他们有特异功能，也不是因为他们神龙附体。这些老大也有很多缺点，比如说谎，比如做流氓软件，比如走错方向，比如为了广告混淆用户搜索结果，等等，但和其他人不同的是，他们挨到了最后抓住机会的那个时候。

可贵的是，TABLES 一书并不甘心仅仅描述一种现有的静止局面，而更多是通过故事的剖析，展开未来的趋势图。特别是后者 L、E、S，它们不一定是现在的霸主，但代表了不同的三种中国互联网发展格局。雷军以投资的方式全线布局移动互联网；周鸿祎最懂中国的低端用户；而新浪最懂中国互联网的高端用户，特别是微博这一业务，已经彻底走出 Twitter 模式的樊篱，所以不再需要用 T 字头向 Twitter 致敬，而是直接就微博了。

描述业界趋势，不小心的话很容易理论化、专业化和僵硬化，乃至面目可憎。而讲述江湖八卦又容易陷入花边的死胡同，庸俗不堪。但本书采取讲八卦的方式推导产业趋势，妙不可言。这样做既避免了低级趣味，同时又深入浅出地揭示了中国互联网未来的某种走向。

开始时，我就在想，为什么作者会采用这种方式来讲述互联网业界的故事。但看到一半的时候，突然就明白了。也许，被媒体和众多神话企业的公关书所影响，很多局外人还以为互联网江湖很干净，企业家很技术，收入很干净，竞争很规矩。其实，在相同的一个管制环境和社会，不可能绽放出不同的经济之花。只要涉及赚钱、分钱以及抢钱的桌子，不管是方桌还是圆桌，都一样摆满了杯具和餐具，真相也都一样只能在桌子底下寻找。

作为A的代表，马云最近在微博上指出："'文革'期间，亿万人不共戴天般批判刘少奇，但批判者中有几人真正了解真相？今天我们同样会或听或读了一些东西就莫名其妙地恨或定义一个人。有时候了解真相并不重要……"其实，正是因为了解真相太难，所以，我们才应该尽力追寻真相，而不是因此自暴自弃，放弃了获悉真相的途径和可能性。信息多了，碰撞多了，对比思索多了，真相自然就越走越近。任何嘲笑为追索真相而努力的人，都是因为他背负了太多的黑暗，太多桌子底下的东西。翻开桌子，看看互联网老大们在桌子底下的样子，这事可以有。

知名IT评论人 笨狸

2011年6月

# 前　言

## 我们做了一个非常艰难的决定

看到这个标题，或许你已经猜到，我们的故事将从毫无悬念地被高票评选为“中国互联网2010年年度事件”的“3Q大战”说起。这场战争的结果，从事后的数据反馈上看是两败俱伤的，360的市场份额虽然没有“一夜回到解放前”，但也失去了不少用户；而经过此役，腾讯在公关上的短板被赤裸裸地暴露在大众面前，而给用户信中最经典的一句，更是在那个落叶萧瑟的深秋，被智慧无穷的网民演绎为中石油版、诺基亚版、李宁版，甚至杜蕾斯版……为我们平添了不少欢乐。

关于3Q大战的进程，在此我们不想过多叙述，在网上类似百度百科等众多专职做名词解释的地方，我们可以轻易地查到相关内容。我不知道百度百科的“童鞋”们，在看到这个词条时会有什么样的感觉，因为在3Q大战中，百度也是参与者，如果可以做一个横向对比的话，这就好像某些部门的作风，一边做运动员，一边做裁判员，完全可以得到自己想要的结果。

感谢国家，感谢互联网，感谢Web 2.0时代网民对UGC(User Generated Content，用户生成内容)的身体力行。在这个时代，网民已经成为一股不可忽视的力量，因此哪怕百度是利益相关方，在这一词条的解释上，百度也要虚心接受网民的修订。值得庆幸的是，在3Q大战中，百度的参与度并不高，而且腾讯吸引了大部分的火力，不过百度可能需要注意的是，自己的收入模式一直被人诟病，万一哪天“狗日的××”这一词条与百度联系起来并堂而皇之地出现在百度百科中，那才是真正的打脸，而且是打落牙齿和血吞，一点还手之力都没有。

当然，这只是一个假设，因此现在百度可以对着百度百科上“狗日的××”词条含笑不语。虽然在3Q大战中百度和腾讯有结盟，但是从长远来看，百度和腾讯必有一战。在来势汹汹的360面前，携手合作是利益所驱，但这也许不会阻挡合作中的幸灾乐祸情绪，因为这是人之常情。

反正360又不可能打得死你。

所以我们的问题是，在几乎所有互联网企业对腾讯避之不及，唯恐被腾讯盯上的时候，为什么360会选择向腾讯发难？更深层次的问题是，关于腾讯与360这两位主角之外的其他配角，包括看得见和看不见的手，又如何推动着这场战斗？对入局者而言，他们为什么入局，各自扮演了什么角色，选择了哪些盟友；而选择了沉默的那些大佬，他们又是出于什么考虑？

即便如此，我们看到的这一切，会不会只是冰山一角？

即便不能说中国互联网的格局会因为这场战争而改变，我们也必须承认，3Q大战对未来中国互联网的走势有着深远影响；即便工信部各打五十大板让这场风波暂时平息，所有人都知道，这种平静只是为了下一波的战斗蓄积力量；即便在这场战争中形成了同盟关系，无数事例告诉我们，没有永远的朋友（敌人），只有永远的利益。

《道德经》有云：一生二，二生三，三生万物。在几何中三角形是一个稳定的结构，类似的例子还有三国鼎立，再比如说前Web 2.0时代的三大门户网易、新浪和搜狐，以及后Web 2.0时代崛起的网络三巨头腾讯、阿里巴巴和百度。有人取后三家公司的第一个字母，组成了一个单词BAT，意指未来中国互联网的天下是这三家的天下，但3Q大战告诉我们，这个结论下得早了一点。

江山代有才人出，各领风骚三五年。过去的中国互联网如此，未来的中国互联网也是如此。我们觉得，BAT这个单词并不能完全代表这种变化的趋势，或许用“桌子”（TABLES）来形容更为恰当。之所以是复数，是因为必然有许多人或公司，希望在中国互联网的大局中占得一席之地。当然，要想在这场盛宴中入席，必然不会一帆风顺，3Q大战就是一个例子。

那么，这个所谓的TABLES又代表着中国互联网的哪些势力呢？

T：Tencent（腾讯）。

A：Alibaba（阿里巴巴）。

B：Baidu（百度）。

L：我们原计划将其送给天使投资人这个群体，在互联网创造财富的过程中，天使投资人如同杠杆（Lever）一般，为创业者们撬开了一片更宽广的天空，可以说，他们代表未来。但这毕竟不是一本讲群像的书，所以最终我们将L定为在天使投资人中最成功也最有代表性的雷军。他是一个另类的天使投资人，在做天使投资的同时仍然希望借助一个平台回到中国互联网的第一线，而他通过投资达到的一系列布局，也足以让他在未来的中国互联网中占有一席之地。

E:在3Q大战后,相信不少人会觉得,将360的当家人周鸿祎作为这张桌子的一角的那个E,实在是当之无愧。

以S开头的公司很多,例如盛大,例如搜狐,但最后我们还是将这张标记为"S"的入场券授予新浪。新浪曾经是中国互联网第一浪的引导者,虽然在2005年后暂时落后,但在中国互联网的第三浪起来之前借助微博又努力迎头赶上。尽管未曾回复昔日的荣光,但至少保留了未来的希望。

如果单纯以规模计算,这张桌子入场券或许会达到50亿美元。50亿美元是什么概念?与大热的团购网站Groupon相关的几个收购传言不过30亿美元左右;就连Twitter,其创始人称"就算50亿美元我也不卖",但这也同时说明,很少有人会给Twitter出到50亿美元。

虽然能达到这个规模的上市公司也颇有几家,但市值并非是坐上这张桌子的唯一标准,业界的影响力和未来的发展空间也不可或缺。例如一些网游公司虽然规模达到了这个级别,但在未来无法建立自己的平台,形成可持续发展的能力,反映在资本市场上则是比TABLES要低得不少的PE。而三大门户中的网易,一方面是因为其在游戏策略上的侧重,再加上之前魔兽停摆的影响,与之相关的内容,我们会与其他网游公司在另一本关于网游历史的书中加以讨论。

事实上,在3Q大战之前,在英鹏兰德的内部讨论会上已经出现了TABLES的概念,只是在如何描绘这些公司之间的关系上,我们还存在不同的声音。3Q大战的爆发,毫无疑问地帮助我们统一了思想,遂有了这本书。

这本书的雏形来自于我在互联网老兵群(www.laobingqun.com)发表的一篇文章——《马后炮之3Q大战升级版:TABLES那些事儿》。这是一篇向《明朝那些事儿》致敬的文章,不仅引用了《明朝那些事儿》中浙江科考案温体仁大战钱谦益的典故,而且还参照了《明朝那些事儿》的写法。文章写出来后,不少群友都觉得这种写法很有意思,如同当年明月说的那句“历史也可以很好看”,互联网的故事,自然也可以很好看。

但是用这样的写法写这本书,就会遇到一些问题。如果只是写上三五千字对某件事情来进行评价,自然可以很轻松地花上两三个小时,用天马行空的思维、灵光一闪的字句、引人入胜的江湖轶事甚至冷笑话来组成一篇精彩的小品文,但要想讲清楚格局问题就不那么容易了——毕竟这是个严肃的事情。

我们面临两个选择:到底是将这本书写成另一本《明朝那些事儿》,还是另一本《沸腾十五年》? 这是个问题。最终我们做出了一个艰难的决定,在二者之间做一个适当的折中:一方面借鉴《明朝那些事儿》的类比手法和描述上的轻松性,同时学习《沸腾十五年》中的严谨论证,来保证这本书的深度。我们希望这本书能成为如同诸葛亮初遇刘备之时纵论天下大势的《隆中对》这样的东西,而不仅仅是引用几个专题和相关文章的观点,攒成一本很快就会被遗忘的快餐书。

这本书可能是一本轻松和过瘾的书,不过如果能让读者在轻松和过瘾之余,能够对中国互联网的未来走向判断有一点帮助,体会到我们今天这个艰难的决定,那么,我们的目的就已经达到。

祝您开卷有益。

TABLES

第一章

# 如果一切可以重来

用一个如果的话，整个巴黎都会装在一个瓶子里，如果这个瓶子比巴黎还要大一些的话。

——法国谚语

我们的故事，从3Q大战讲起。

古往今来，战争的爆发当然是有其深刻的不可调和的矛盾，有着经济、政治、民族、宗教等多方面的复杂原因。然而，当我们透过血雨腥风的表面，追寻到战争的源头时，却惊奇地发现，引发战争的导火索，往往只是一些不起眼的小事件。例如，7个塞尔维亚的暗杀者引发了3000万人丧生的第一次世界大战；足球场上的纷争导致了洪都拉斯与萨尔瓦多之间的战争。

究其原因，在战争爆发前的那一瞬间，战争双方的矛盾已经激化到了不可调和的地步。但没有人会喜欢战争，因为一旦撕破脸皮，最后的结局将难以控制，因而双方会苦苦维持局势的平静，可这往往也只是聊尽人事而已。如果激发矛盾的根源没有得到解决，哪怕再小的事件，日积月累，总有一根稻草会压垮骆驼。

商场如战场。相对于已经几经沉淀的传统行业，像互联网这样日新月异的行业更容易爆发“战争”。在市场领头羊尚未达到顶峰、整个行业格局尚未最终定论的时候，往往会有许多挑战者，为了争取未来发展的更好位置，向领先者发起挑战；而领先者为了巩固自己的优势，也会将各种不利于自己的不确定性早早扼杀，事关生死，这一战不可避免。

物竞天择，适者生存。这种发生在互联网行业中的商战也符合自然界的丛林法则，当中包含几种含义：不能适应环境，就只能被环境淘汰；实力弱小的时候，采取结盟不失为一种策略；同类竞争，异类共赢；强弱是可以逆转的，所以时刻要有危机意识。看3Q大战，甚至透过3Q大战看得更远，都会发现这些法则所起的作用。

行走于互联网，就像行走于亚马孙河流域的热带雨林，它壮观、美丽，蕴含无数宝藏却又隐藏无数风险。作为探险者，首要任务是要认清楚自己所处的环境，并做好万全准备，因为我们的处境，很可能就像广告中说的那样——天有不测风云，你没有人身保险。

## 你没有人身保险

如果一切可以重来，腾讯一定会给自己多上一道保险，一定会做好被动挨打的心理准备，一定会充分重视360这个对手，一定会抓紧时间弥补自己在公共关系上的短板，虽然可能还是要“做出一个非常艰难的决定”。

360对腾讯的袭击，虽则突然，但却不能算是闪电战。

第一枪打响于2010年9月27日，这一天360发布了一款名为“360隐私保护器”的工具软件，直指QQ。

虽然从时间点看，360选择这个时机开战，实际上是抓住了腾讯中秋刚过、国庆长假之前的放松心态。但是对于腾讯来说，他们对这场战争可以说没有任何思想准备，哪怕腾讯早已感觉到了江湖中对自己的不满情绪。

这种不满情绪要从一份叫《计算机世界》的报纸说起。这家报纸在 2010 年 7 月玩了一下心跳，弄了一个出位的专题——《“狗日的”腾讯》。

说起来《计算机世界》也算是老江湖了，根正苗红，又有着 IDG 的背景。当初刚刚创办的时候，也的确是风头无二。但是随着网络媒体将传统媒体挤出了舞台中央，在传统媒体上又有《电脑报》等强劲对手的冲击，自己早已经不是老大。

“我不做大哥好多年。”

老大之所以是老大，就是因为他与其他人不同——具体说来老大有老大的气度和风格，媒体尤其如此。像《泰晤士报》是不会报道什么太出位的花边新闻的，想看这类消息得找《太阳报》，不要说花边新闻了，三版的惹火女郎、蕾丝边都有。

“我们屈居第二，所以我们一直在努力。”

至少《计算机世界》以为自己是老二。

接下来的事情我们都知道了，腾讯在深圳提起了诉讼，于是《计算机世界》一下子怂了，腾讯赢得了一个道歉。

或许在《计算机世界》看来，这样的小小撩拨一下腾讯，让自己出风头的目的已经达到，如果再死撑到底，或许再想往前进一步都会举步维艰，那么，用一个局部性的让步为全局性的成功画上句号也不错。应该说，《计算机世界》的策略还是有效的，不久前《计算机世界》成功地组织了一场活动，请了傅盛、方舟子等人当嘉宾。据参加的人说，场面非常热闹，用赵本山的话说，那叫一个人山人海，彩旗飘扬。

令人扼腕的，只有《计算机世界》原包帮主，和原内堂孙长老。

让我们回到 360 和腾讯来，在接下来半个多月的时间里，360 并没有什么特别的大杀招，而是和腾讯纠缠“到底有没有侵犯隐私”的问题。

360 说：腾讯你侵犯隐私了。

腾讯说:我没有。

360 说:你有。

腾讯说:那你也有。

有一则说保安和商人给美女搜身的笑话,影射的就是 360 和腾讯。360 将美女搜身完毕后,轮到腾讯也想给美女搜身,刚刚动手却被一把拉住:兄弟,我可以搜身是因为我是做保安的,你要是也这样的话可是性骚扰了哈。这反映了在用户心中两家公司的大致形象,这使得 360 在道义上能占据主动,而之后腾讯攻击 360,说 360 是混进保安队伍的,原因也正是如此。如果在当保安这个问题上 360 的名不正,自然言不顺。

不管是 360 发布的《用户隐私保护白皮书》,还是腾讯宣布将采取法律手段维权的官方声明,这一阶段 360 和腾讯的冲突只能以口水仗来形容。应该说,这与之后波澜壮阔的弹窗大战、扣扣保镖和二选一相比,是多么水波不兴,简直就是小孩子在过家家。

双方应该都厌烦了这种"点头 YES 摇头 NO"的游戏,于是开始想对方的弱点在哪里。虽然所采取的具体方式不一样,但条条大路通罗马,双方的目的是一致的。

腾讯想到的方法是,将过去与 360 有过纠纷的人团结在一起,发了一个《反对 360 不正当竞争联合声明》。

——如果目光可以杀人,那么某某一定死了很多次。

我们经常在小说里看到这样的文字,当然,我们知道,目光是杀不了人的,所以这个某某还活得很好。

同样,腾讯如果只是将金山、可牛、傲游、百度拉在一起开个会骂 360 是骂不死人的,360 还是可以活得很好。

当然腾讯也知道这一点,于是采取了更进一步的措施,那就是弹窗。

——长得丑不是你的错,跑出来吓人就是你的错了。

这是我们经常看到的另一句话。引用这句话是为了证明，骂人不是你的错，用弹窗这种方式就是你的错了。

据说，在发表了《反对360不正当竞争联合声明》后，腾讯马上就开始用弹窗向用户推送这一消息。在2008年奥运大战中，腾讯就是靠这一终极武器战胜了高价买下转播权的搜狐，以及在门户中优势明显的新浪。因为弹窗的威力太过于巨大，已经不属于常规武器的范畴，不仅腾讯会谨慎使用这一工具，而且据说在此事之后，相关部门希望大家达成一个类似核不扩散之类的协议，承诺决不率先使用弹窗来着，这是后话。

一经动用弹窗这一武器，事情就不太一样了。

有一个故事，话说某家人新砌了一面外墙，怕路过的人在墙上乱画，于是在墙上写了一行字："此墙不许画。"第二天旁边多了一行字："为何你先画？"第三天又多了一行："他画你莫画。"第四天，这家人发现墙被画花了，旁边还有这么几个字："要画大家画！"

事情往往就是这样开始乱套的。

要弹大家弹，360也弹窗了。与腾讯在屏幕右下角浮出小窗消息不同，360的弹窗直接跳到了用户的桌面正中央，比QQ的弹窗大了好几圈。一开始360以"为保护用户隐私，遭腾讯打击报复"为标题，不久后开始转移重点，弹出"腾讯对利益的追逐不止于此，据媒体报道，腾讯CEO马化腾身家近300亿元，却仍在领取经济适用房补贴"的新闻。

这是赤裸裸的挑衅——虽然360后来也说，在这件事上他们做得不对，的确不应该用到这种人身攻击的角度，但是从效果上来讲，的确很有杀伤力。

更有杀伤力的在后头。

2010年10月29日，马化腾39岁生日。360给他送了一件生日礼物，叫做"扣扣保镖"。

疾风知劲草，实干出真知。360果然具有实干精神，招数比腾讯直接有效得多。

给QQ体检，帮QQ加速，清QQ垃圾，去QQ广告，杀QQ木马，保QQ安全，隐私保护。一句话，腾讯给QQ加的功能，除了在线沟通外，几乎全给废了。

不错，留下来的在线沟通是QQ的核心和基本功能。但是我们都知道，光靠基本功能是赚不到钱的，要赚钱就得靠增值服务，有着电信背景的马化腾当然更清楚这一点。

更让腾讯接受不了的是，当用户点开QQ主面板上的标签的时候，打开的竟是360扣扣保镖。

这种截和的事，搁谁身上能接受得了啊？

如何实现的技术问题姑且不论，但是从运营的角度来说，扣扣保镖是一款成功的产品。在我的印象中，还没有哪款互联网产品一经推出，一天就有1000万的下载安装量。

当然，能取得这样的成绩，与360的3亿装机量有关，与其强力的推广有关，与其抓住用户的心理进行诱导有关。

当年51的崛起，也是抓住了用户的心理进行诱导的结果。除了对用户心目中“中国最大一夜情社区”的默认，当用户注册了一个51账号后，系统会很贴心地提醒你，为了方便找到你的主页，建议你把主页copy到QQ签名中，于是51就靠着QQ的大树好乘凉，借着无数人在QQ签名上的“病毒式”传播，让无数人知道了自己的网站。

在腾讯看来，在搭顺风车这一点上，今天的360和当年的51是没有任何区别的，但360明显走得比51更远。360不仅劫持了自己的按钮，而且360扣扣保镖在2010年11月2日的升级模块中诱导用户把好友列表也拉进来了。腾讯判断，这将形成病毒式的二次传播。

不，不是病毒式，是病毒的二次传播，因为在对这种传播的描述上，腾讯用的词是“感染”，而马化腾在接受采访时，也称“这对腾讯来讲是前所未有的被一个隐蔽性极深、诱导性极强的超级大病毒劫持”。

应该说马化腾的心情可以理解，但病毒的说法并不专业——做即时通信的和做安全的说对方是病毒，怎么可能说得过人家。360 就等着你说这样不专业的话，然后好顺水推舟，将扣扣保镖送去检测，看看是不是病毒。

当然，结果我们都知道了，中国信息安全测评中心做出了如下结论：

“根据测试项 1 的测试结果，‘扣扣保镖没有任何自我复制及感染的行为’，这不符合《中华人民共和国计算机信息系统安全保护条例》（国务院令第 147 号）第二十八条对计算机病毒的定义，360 扣扣保镖不能被称为病毒。”

不专业真是害死人啊！

这不仅仅是马化腾的不专业，更是整个腾讯公关的不专业。如果专业的话，相关部门应该事先做好分析和预案，哪些可以说，哪些不能说，哪些话说了可以让对手无话可说。

而由于这种不专业，腾讯很快付出了代价。

## 腾讯的三个错误

如果要历数腾讯在 3Q 大战中的错误，那么：

首先，公关不专业。缺乏严谨的流程，至少在马化腾发言之前没有做好详细的应对，信息的披露缺乏一定的层次和缓冲。而让马化腾直接当新闻发言人更是个错误。要知道，马化腾是中国最好的产品经理之一，但他肯定不是最好的发言人。

似乎为了证明腾讯公关的不专业，在 2010 年 11 月 4 日的新闻发布会上，腾讯公关一姐刘畅的声泪俱下，在许多人眼里却是适得其反。刘备靠哭得三分天下，但这哭也不是谁都可以用的，要是曹操用这招就很怪异了，毕竟家大业大来着。

我们看看刘畅的简历：

刘畅，腾讯科技（深圳）有限公司副总裁，公共关系总经理。1998年毕业，当过两年老师，随后加入西岸奥美；在新浪工作三年，任新浪华东区市场总监和公关经理；加入腾讯前，在MSN中国担任高级市场及传播经理；2005年加入腾讯。

再看刘畅的职业历程和一些相关的访谈，可以发现刘畅更多谈的是当年如何入行，如何冒冒失失举手接下没有人敢接的企划案，如何得到客户认可，在竞争对手邀请明星助阵“十大新闻评选”时如何从媒体总编切入最终大获全胜，等等，但是真正在公共关系的处理尤其是在危机公关上，似乎没有什么可圈可点的事迹。

也就是说，或许刘畅是个不错的企划经理或者媒体经理，但是在最危急的时候，刘畅还缺乏锤炼。

这不仅仅是刘畅领导下的公关部门的问题，而是整个腾讯的问题。因为或许在挺过了最初的艰难时刻后，腾讯的幸福生活就开始了：由于牢牢把握了数以亿计的互联网用户，几乎所有人要想和腾讯为敌都不得不三思而后行；而且偏居华南一隅，腾讯几乎没有遇到像样的对手，好不容易有个网易，马化腾和丁磊还是哥们，面子上至少要让三分，打不起来啊。

这就是腾讯的公关为什么是短板的原因：先天不足。由于一直没有打过像样的仗，而且养成了有问题就找司法部门的习惯，使得在整个腾讯体系中，公关部门慢慢沦为一个对外发稿的宣传部门。对外往往是两种态度：要么全盘接受我给的东西，要么等着瞧，而恰恰忘记了自己应该担负的最重要的使命。

这样一个对外强势、对内弱势的公关部门，使得腾讯一旦遇到突发事件发生时显得那么无力。在二选一后，360 可以找到相关政府机构做自己的挡箭牌，但是在 2010 年 11 月 4 日的新闻发布会上，当有记者问司法部门现在是什么态度时，刘畅同学是这样回答的："现在我还不知道，但是我觉得对于司法部门来讲是不希望看到互联网企业是这种状态的，肯定会进行管理的。"

这句话的潜台词是——现在我还不知道，出了这件事要找政府机构，看哪个政府机构愿意帮我们说话。

这是多么可悲的一件事情。

都说弱国无外交，现在我们看到的是另一个极端：因为太强了，强到不知道怎么做公关了。

所以，从这个意义上来说，我相信刘畅同学的眼泪是真的，因为她知道，腾讯的公关在过去多年遗留下来的问题，实在太多。

冰冻三尺，非一日之寒。

腾讯的公关策略并非今天才出现失误，长期以来公司的强势是腾讯在公共关系上眼界狭隘的重要原因。而且过于简单粗暴、一力降十会式的解决方法(可以看看腾讯对离职员工的起诉)，使得腾讯在做公关时无法有效抓住时机解决问题，或者只是从表面上解决了问题。例如在之前对《"狗日的"腾讯》专题的处理上，虽然通过发布措辞强硬的官方声明给《计算机世界》以强大的公关压力，想必那时腾讯洋洋得意，殊不知此事让不少新闻传媒界人士对腾讯心生强烈的不满情绪，为接下来的危机事件埋下了舆论倾向伏笔。

出来混，迟早是要还的。

腾讯的第二个错误来自于从上到下对形势的判断。

在开打之前，腾讯并不认为 360 有向自己全面开战的能力。代表性的说法来自于其门户分舵科技堂主程苓峰。他在 2010 年 9 月的博文中称："目前的 360 恐怕不具备跟 QQ 全面开战的实力。卸掉一个 360，可以再装上 370、380，以及 QQ 医生。但卸掉 QQ，到哪里去找我的朋友们？如果真要二选其一,答案是显而易见的。”

如果说至尊宝的无奈是猜中了开头却没有猜中结局,程堂主应该也很无奈,他没有猜中开头,却猜中了结局。如果结合程堂主这篇博文发表的大环境看,当时的腾讯刚刚赢得了一个道歉,腾讯全体上下自信满满——对自己的实力有自信,这是好事,但是自信再往前一步就是自负。腾讯最后“做出一个艰难的决定”,这是自负;程堂主认为红衣教主不会攻打腾讯,这也是自负。而且程堂主的结论与腾讯最后的大招完全吻合,可见这并不是程堂主拍脑袋的个人结论,而是在腾讯内部经过统一思想的集体智慧。

只是这种集体智慧是以大企业病的形式表现出来的。

程堂主写过一本书叫《网络江湖三十六计》,想必知道,兵者,诡道也。在中国历史上,以弱胜强的例子很多,而红衣教主之所以敢向实力远盛于自己的腾讯开战,而且在从单挑到群殴的时候仍然不落下风,这不是匹夫之勇,肯定是得了高人指点,或者是像程堂主一样,看了什么武林秘笈。

这本武林秘笈,我认为叫做《明朝那些事儿》。

让我们拿出《明朝那些事儿》第七卷《大结局》,翻到第十章《斗争技术》,看看对浙江作弊案,钱谦益有无责任的辩论赛。

当年明月这样写道:

辩论双方:

正方,没有责任,辩论队成员:钱谦益,内阁大学士李标、钱龙锡,刑部尚书乔允升,吏部尚书王永光……(以下省略)

反方,有责任,辩论队成员:温体仁、周延儒(以下无省略)。

崇祯元年(1628年)十一月六日,辩论开始。

所有的人,包括周延儒在内,都认定温体仁必败无疑。

奇迹,就是所有人都认定不可能发生,却终究发生的事。

这与红衣教主单挑腾讯,又是何其相像。

当年明月认为，温体仁能够逆转，有三招。

（红衣教主也有三招。）

第一招，开始辩论时，无论对方说什么，咬定没有结案。

（第一招，开始掐架时，不管对方说什么，咬定腾讯在窥探隐私。）

……

接下来，温体仁实施第二步——挑衅。

（第二招，推出扣扣保镖，让腾讯“做出一个艰难的决定”。）

……

第三阶段开始，内阁的诸位大人终于意识到，今天输定了，所以主动提出让钱谦益走人，温体仁同志随即使出最后一招——辞职。

当然，他不是真想辞职，但走到这一步，摆摆姿态还是需要的。

（第三阶段开始，红衣教主提出，虽然 QQ 不兼容 360，360 将想办法兼容 QQ，让 360 用户能够用上 QQ，用好 QQ。

当然，红衣教主是很想和 QQ 死掐的，但走到这一步，摆摆姿态还是需要的。）

……

温体仁没有魔法，这个世界上也没有奇迹，他之所以肯定他必定能胜，是因为他知道一个秘密，崇祯心底的秘密。

这个秘密的名字，叫做结党。

（这个存在于大家心底的秘密的名字，叫做羡慕嫉妒恨。）

温体仁老谋深算，他知道，即使朝廷里的所有人都跟他对立，只要皇帝支持，就必胜无疑。而皇帝最不喜欢的事情，就是结党。

（红衣教主老谋深算，他知道，即使行业里所有公司都跟他对立，只要用户支持，就必胜无疑。而用户最讨厌的事情，就是一家公司太过霸道。）

崇祯登基以来，干掉了阉党，扶植了东林党，却没能消停，朝廷党争不断，干什么都不成，所以最恨结党。

换句话说，钱谦益有无作弊，并不重要，只要把他打成结党，就必定完蛋。

（换句话说，腾讯做了什么，并不重要，只要让用户觉得，腾讯太霸道，就必定完蛋。）

……

因为最后的决断者，只有一个。

（那就是用户。）

腾讯犯的第三个错误，则是对用户的错误判断。

这才是重点。

“用户体验”是腾讯成为中国最大的互联网公司的不二法门，也是腾讯最强大的一点。但是根据小说中重复过无数遍的经典桥段，要击败一个人最有效的办法是在他最强的那一点击败他。而今天的腾讯随着规模的扩大，对用户的感觉已经不如当年，或者说，虽然马化腾还保持着当年的敏感，但现在摊子太大，许多事情就算他看到了，也不方便自己亲自去做。

这就是360们的机会。

对将360的迅速扩张归结于流氓软件、官司和口水仗的腾讯，是否认真分析过360在用户体验上做的工作？不错，无论是清理垃圾、打补丁、开机加速，都是“专业人士”们看不上眼的东西，但正是在这些地方360几乎做到了极致，这与当年腾讯的做法，又何其相似。

可惜，当把注意力放在重点之外的时候，腾讯会很困惑为什么在“二选一”之后某门户网站进行的调查中，7成被调查者没有旗帜鲜明地站在自己这一边。或许腾讯事先没有对用户做过调查，其实这并不是很困难的事，可能走在路上就能略知一二——我就在车上听到一个从香港结束一日游的旅行团中某中年女对同伴说：“我当然是卸载QQ了，我可以不和我QQ上的人聊天，但是我的电脑不能不杀病毒啊。”

另一则草根的反馈来自于我弟弟，我问他周围的人是选择卸载360还是卸载QQ，他说他很多朋友都觉得，难道除开QQ就没有其他即时通信软件了吗，相比较而言，他们更离不开360。

这与程堂主在博客中的提法，恰恰相反。

没有了QQ，就算没有任何可以替代的即时通信软件，还可以有中国移动——12年的积累，QQ已不是当年的“只爱陌生人”，而是慢慢变成与现实中的朋友联络的重要工具。从这个角度上来说，QQ用户的可转化成本可能没有腾讯想象的那么高。而对小白用户来说，杀毒和安全是硬需求，他们缺乏有效的替代手段。

你永远不懂我伤悲，像白天不懂夜的黑。

在腾讯针对《“狗日的”腾讯》专题发表的声明中有“粗暴地伤害了腾讯用户的感情”的提法，如果用流行的话来说，不知道有多少用户会自嘲，“哥被代表了”。

在北京，360公关总监屠建路和笔者说过一个故事，在弹窗大战中，有网民在网上为他们说话被回帖称为“水军”，该网民急了，回复道：“我TMD就是水军，我们有3亿水军，一人一口唾沫淹死你。”

这场战争有没有水军？有多少水军？双方各自动用了多少水军？在这里不做考证，因为这并非重点——重点是，在说360有10万水军的同时，腾讯是不是该多考虑一下用户的感受？

可以说，“二选一”是腾讯最大的败笔——当然也是整个3Q战争最高潮——腾讯给用户的两封信确实写得不错，但是只靠这两封信来争取用户的信任未免过于简单。

换成5年前的腾讯，这种事想都不要想。

3Q战争的尾声是有关部门的和稀泥，和稀泥的结果自然是局部战争的结束。马化腾在北京发话了，既然上头和稀泥了，我得给个面子，不过你不要再打我们的主意，最好离我们远一点。红衣教主也说了，360 决不做 IM。至于网上微博曾经爆出的腾讯收购绿盟，虽然理论上有这样的可能性，但在 3Q 之后，这样的消息看起来怎么看怎么蛋疼。

有一种不能忍受叫一失足已成千古恨，尤其是在做出了一个艰难的决定之后。想必不管腾讯也好，360 也好，双方都不会轻易重启战端，而这场战争的结果，对于所有意图染指这张桌子的人来说都会有所警醒。下一句叫再回首已是百年身，时间总是过得很快，所以在这一刻，激情总会战胜理智，围绕着这张桌子的恩怨情仇、你追我赶、明争暗斗甚至尔虞我诈，仍将继续。

后 3Q 时代的大幕，就此拉开。

## 后 3Q 时代

3Q 之战是弹窗之战，是右下角之战，是客户端之战。

无论是 360 还是 QQ，都是拥有巨大用户数量的客户端软件：腾讯号称 6 亿用户，是当之无愧的客户端老大；360 拥有 3 亿装机量，紧随其后，是中国互联网第二大客户端，这场老大和老二之间的争夺，是对用户的争夺，对右下角的争夺。

电脑桌面的右下角一直是块风水宝地，为抢占用户，众多软件商都选择了免费。然而天底下没有白吃的午餐，当客户端不能从用户收费的时候，势必会选择其他模式，例如弹窗。

说到弹窗，想必大家印象最深的是 QQ 的弹窗，每天总是要弹上好几回，数量在所有客户端中稳居第一。还好，毕竟大多数情况下还是弹出腾讯自己的广告或者是第一时间弹出能引起大家关注的新闻，大家不是那么讨厌。当然，如果你觉得 QQ 的弹窗晃眼要去掉弹窗，你就得每个月花 10 元钱开启

“会员尊享功能”，你爱弹就弹吧，量再大也不怕……

这也算是商业模式的一种吧。

QQ的弹窗花钱可以关闭，但是有的弹窗，却可能是花了钱也不能阻止的。

这些客户端的口号是：想弹就弹，弹得响亮！

如果我们另外算一笔账，也就是用户每天关掉弹出的广告的时间，以及这种弹窗对用户的骚扰，其结果是，用户实际付出的可能是超过每个月10元的费用！

如果说过去这些弹窗客户端们对用户感受还有点装聋作哑的意思的话，那么3Q战争给他们的启示是，想要抢占桌面右下角，光靠免费是不够的！你要考虑用户的感受，用户才是你的财富，没了用户你弹出来给谁看呢？

这就要求，在后3Q时代，互联网公司之间的竞争一定要比之前的做法上一个档次，否则就是走360和腾讯的老路，而且，一定会被用户抛弃。

如果说3Q战争是客户端之战，那么后3Q时代的竞争，则是平台之战。

道理很简单，互联网单打独斗的时代已经过去了——过去互联网企业之间往往都是各自圈一块地圈用户，而当他们发现用户并不是他们想象中的那么忠诚的时候，他们会开始围绕用户需求，在不同领域进行布局，增加用户对自己的黏度和停留时间。

是的，平台就是这么形成的。

尤其是在苹果率先推出App Store模式之后，争取开发者成了争取用户之外的另一个山头。从某种意义上来说，建立平台，争取合作伙伴，就好比老大收小弟，过去大家是老大之间的单挑，现在则是带上一群小弟群殴。

当然，如果你的小弟足够多，对方就不敢轻举妄动。

最终能坐到这张桌子边上的，一定是互联网公司中的平台型企业。这样的平台可以是客户端的延伸——那些拥有强力客户端的企业，借助广大用户基础谋求合作，顺利打造一个平台；同时，也有像百度、阿里这样的企业，他们没有强力的客户端，但凭借过去十年如一日在自己所专注领域中的耕耘，同样也建立起了自己的壁垒。

从某种程度看，我们可以把3Q战争当做这些平台型企业为了在未来中国互联网的桌子上争到一个好的位置的预演。在这场战争中，除了作为主角的360和腾讯，百度站在腾讯一边，新浪站在360一边，金山、可牛和傲游的背后有雷军的影子，阿里巴巴也在3Q战争后宣布停止与360的合作，TABLES全齐了。

所以，3Q战争的爆发看似偶然，实际上却是中国互联网各种力量角力的结果。在这场战争中，除了我们看到的360和腾讯的恩怨情仇，又有多少往事，如同月之阴暗面，或者水下的冰山，充满危险却又不为人所知？

新浪执行副总裁陈彤（老沉）曾经用微博在他的地盘指责腾讯："某网站贪得无厌，没有它不染指的领域，没有它不想做的产品，这样下去物极必反，与全网为敌，必将死无葬身之地。"而周鸿祎因为3721开创了流氓软件时代被尊称为"流氓软件之父"，可见二者都具有行业公敌的潜质。现在，号称"马中赤兔、人中吕布、互联网之周鸿祎"，单挑武力天下无双的红衣教主与声势最大的腾讯火拼了，如《三国演义》中，王允用美人计驱虎吞狼，想必整个行业，暗中偷笑的不在少数吧？

只是不知这当中的角色，谁是虎狼，谁又是暗中谋划一切的王允？

要讨论谁可以将腾讯挑落马下或许不大现实，不过有朋友曾经讨论过谁来挑战红衣教主，以及红衣教主可能以什么样的方式失败。其中一种代表观点是，由于360四处出击树敌过多，大家都在等待某位红衣教主曾经得罪过的、又有江湖声望的老大出山，于是一呼而百应，只要众人齐心协力，没有推不倒的墙。

——这是军阀混战，冯玉祥通电逼蒋介石下野的模式。

另一种观点是，淹死的都是会游泳的，任何人都会死于自己的最强点。像红衣教主这样的枭雄，平常帮派之间的武斗火拼是无法伤到他的，最有可能的是，在一个深夜的街头，在回家的路上，一个熟悉红衣教主习性的刺客，突然从路旁的小巷冲出，在所有人还没有反应过来的时候，一枪命中要害。

——这是老版《上海滩》中，许文强在酒吧门口被干掉的模式。

有朋友曾经认为，红衣教主昔日身边的干将傅盛将是刺客的最佳人选。而实际的进展却选择了二者中间的第三条路，傅盛虽然在3Q战争中出场，但也没有成为重创红衣教主的杀招；也没有哪位大佬公开组织挑战红衣教主。但在腾讯"做出一个艰难的决定"和将发布会开成哭泣会，眼看即将兵败如山倒之际，能够迅速组织盟友对360进行反击，或许不是腾讯骄傲而混乱的公关部门力所能及的，如果有这个能力腾讯也不用开哭泣会了。

在金山、百度等五家公司宣布与360不兼容之后，在天涯有人称，以淘宝马云和360周鸿祎的血海深仇来看，下一个不兼容360的应该是淘宝旺旺了。这么猜测的人看到的是3721、雅虎、阿里巴巴之间的故事，当年马云也曾经指天画地发誓，此生决不和红衣教主来往，但是此后的实际情况却是阿里集团和360有大量的业务往来，否则也不会有停止合作的说法。事实也是如此，阿里只是选择了暂停合作，而不是更激烈的不兼容。

没有永远的朋友（敌人），只有永远的利益。

有人做了一个叫做《右下角的战争》[①]的小动画。动画中，有红衣教主投资的迅雷、快播，被称为"两个不给力的废物"；而与红衣教主最坚定站在一边的是，之前曾被认为因为屏蔽门户广告而与其有利益冲突的新浪，这本身就很说明问题。

① 由网友"天才小熊猫"制作，地址：http://v.youku.com/v_show/id_XMjE5MDEzNjI0.html

在3Q后的复盘中，对大战的导火索有这样的一个说法，此前周鸿祎曾给马化腾发短信，希望360与腾讯合作，具体的计划可能是，腾讯增发股票，用增发募集的资金入股360。在周鸿祎看来，这样做一方面可以解决360的资金问题，使得360进一步壮大；而对腾讯来说，如果双方携手，那么腾讯也可以利用360相关技术遏制百度。但是马化腾最终拒绝了周鸿祎的建议，从而使得360坐卧不安，为了保证自己和百度开战的时候腾讯不跳出来拖后腿，于是周鸿祎选择了和腾讯开战。

对于军事迷来说，这样的故事听起来是多么地熟悉：当德意志第三帝国的机械化部队开始闪电般席卷欧洲大陆的时候，希特勒派人开始与斯大林接触，希望将苏联绑上自己的战车，但是斯大林最终拒绝了希特勒的建议。为了保证自己和英国开战的时候苏联不跳出来拖后腿，于是希特勒选择了闪电入侵苏联。

虽然从表面上看很类似，我们还是不能做这样简单的类比。对360来说，因为腾讯的拒绝而选择与腾讯开战，那才是一个真正“艰难的决定”。因为事实证明，希特勒两线开战是其失败的重要原因。更何况，就算因为争夺右下角造成的利益冲突决定360和腾讯迟早必有一战，但对于360来说，自然是越晚越好。

更何况，这样的类比没有考虑到在3Q大战之前巨头们和未来的巨头们为了争夺桌子旁的位置的布局。如果不将周鸿祎2010年5月连发42条微博打压金山、或者腾讯在之前因为业务扩张招来非议，以及有可能影响到这张桌子位置的各种因素进行分析，所得到的结论总是会太片面。

说到底，3Q大战虽然被冠以“大战”之名，但却不是真的战争，最多只是中国互联网几大巨头相互试探、借势而又保持克制的擦枪走火而已。相比起表面的争斗，背后的纵横联合，则是更精彩的内容。不知道会不会、什么时候会爆发更精彩的对决，但围绕这张桌子的故事，已经足够好看。

还是让我们来看关于TABLES的那些事吧。

TABLES

第二章

# T："全民公敌"腾讯

这是一家把值得尊敬写进自己的价值观和愿景的企业。

从用户数量和企业规模来看，腾讯确实让人尊重和敬畏。目前腾讯号称拥有10亿注册用户，有超过1亿人同时在线，如果腾讯是一个国家，那它就是继中国、印度之后的第三个人口大国。从市值看，它的市值跃过500亿美元[①]，是目前中国第一、世界第三的互联网公司。这是一个平台式的互联网企业。依托即时通信软件QQ，腾讯提供包含在线交流、搜索、娱乐、游戏、购物、支付等几乎所有的互联网服务，极大地方便了网民，打造了一个便捷的在线生活平台。

但腾讯却是一家无法得到业界同行尊敬，甚至是被敌视的企业。在辉煌的背后充满了对其不仅没有承担起龙头的责任、反而压制创新的指责。某媒体甚至用"'狗日的'腾讯"为题，借整个互联网行业的名义对腾讯进行指责，虽然最终这家媒体公开道歉，但腾讯紧张的业界关系可见一斑。

腾讯并没有两张脸，但却有两面性。这种两面性既体现在腾讯是创新投入最大但也是"山寨"行为最严重的中国互联网公司，又表现为这是一家把用

① 2011年3月4日，腾讯控股(00700.hk)报收221.00港币，总市值4062.6亿港币，折合美元约520亿美元，首次突破500亿美元大关。

户体验挂在嘴边但却时不时“绑架”乃至“强奸”用户成习的中国互联网公司。只有从源头出发，才能看清楚，腾讯为什么会是今天的腾讯。

3Q大战之时，微博上流传的关于腾讯与新浪、搜狐、网易“四个新生”的几个段子，将腾讯从初出茅庐的青涩到今日功成名就的过程刻画得淋漓尽致。腾讯好比一个害羞青涩的少年，从象牙塔走出后沉迷于花花世界，最终到达了事业的顶峰却又众叛亲离，想起当年一起的兄弟，然后幽幽地叹了一口气，高处何其不胜寒啊。

在这一刻，我脑海中泛起的画面是电影《无间道》中，天台上，梁朝伟用枪顶着刘德华脑袋的镜头。刘德华道：“再给我一次机会吧，我只想做个好人。”梁朝伟回答：“对不起，我是警察。”

所有的结果，从十年前、或者更早的一开始就已经注定。

让我们回到过去，去看看腾讯的昨日如何造就今日的腾讯。

## 摸石头过河的腾讯

1998年的一天，一条爆炸性的消息在互联网圈子里以爆炸性的速度传开。AOL以2.87亿美元的价格，收购了ICQ，这对于整个互联网行业，毫无疑问是一条提振人心的消息。

借助搜索引擎，我们在新浪网页上仍然可以看到十几年前对这一消息的报道。当时的新浪网页在今天看起来显得粗糙，但这无关紧要——这则报道的结尾是这样写的：“的确，ICQ公司创造了一个奇迹，一个在信息社会中才会出现的奇迹，而且人们有理由相信这样的奇迹会越来越多地出现。”

什么叫奇迹？

奇迹就是只有一两个人能干成，而绝大多数人干不成的事情。但不幸的是,这里的绝大多数人,都以为自己就是那个能干成的一两个人,都想当分子,却选择性地忽略了,从概率上说,自己有很大可能是成为分母。

呼啦啦一下子,几十家做即时通信的公司一下子冒了出来,他们的产品名字往往叫做 AICQ、BICQ,或者类似的其他名字。一方面是表明自己和 ICQ 做的是同样的事情,但是,这些模仿者又不得不在 ICQ 之前加一个字母,以示区别。

腾讯的 OICQ,就是诸多 ICQ 模仿者中的一个。

不同的是,腾讯寻找盈利的道路,却不是如同 ICQ 得以高价卖掉那么顺利。事实上,不止腾讯,和腾讯几乎同时冒出来的模仿者们,几乎都是一样的磕磕绊绊,甚至头破血流。这让人不得不感叹 ICQ 的运气,毕竟,ICQ 在卖掉的时候并没有寻找到盈利的方式。

直到今天。

今天的腾讯是全世界所有希望独立生存和可持续发展的即时通信软件学习和仿效的对象——当然,3Q 大战爆发后,有人说卸载了 QQ 还可以有 MSN 等替代品,但这些替代品无一例外的都是靠着其他业务支持。没有谁能像腾讯一样,将即时通信作为自己所有业务的支撑点。

这才是真正的奇迹。

让我们来看看奇迹是怎么炼成的吧。

如果我们用流量和收入这两个维度来衡量,我们可以发现今天中国互联网三大巨头出发点的一个不同:腾讯的流量和收入都来自广大的网民;百度的流量来自网民,收入来自企业;而阿里巴巴的流量和收入都来自企业(后来的淘宝开始面向广大网民)。做一个形象的比喻,腾讯是 C2C,用来自 C 的收入来为 C 服务;类似的,百度是 B2C,而阿里是 B2B。

一开始的起点不同,再加上这样不同的收入——用户结构,使得今天中国互联网的三大巨头腾讯、百度和阿里巴巴,在一开始的时候能够各自圈地、秋毫无犯，建立起自己的王国。

其实，腾讯一开始的时候并不想采用这种被我们称为“C2C”的模式。要知道，向最终用户收钱总是一件困难的事，很多时候企业只能空对着庞大的用户基数干瞪眼——想想中国刚打开国门之时阿司匹林的兴奋吧：“上帝，如果这片土地上的每一个人每年向我们买一粒阿司匹林，我们就能发大财！”

后来，这个故事变成了一个大笑话。这也是马化腾一开始就想“傍大佬”的原因。

马化腾最初为腾讯设计的模式是向电信部门提供系统解决方案。这当中的一个重要原因是，马化腾有一个叫丁磊的好朋友，丁磊的第一桶金就来自于向广州电信等客户销售电子邮件系统。马化腾想要借鉴丁磊的成功之路，那是自然而然的事。

马化腾最开始为腾讯设计互联网传呼系统商业模型的一个项目是广州电信的一个单，这是一个为广州电信用户提供互联网即时通信服务系统的单。为了赢得这个单，马化腾和曾李青甚至找了丁磊帮忙，不过，即便有丁磊的帮忙和引见，最后腾讯还是输给了有广州电信背景的飞华公司。

在此之后，腾讯又找上了与自己颇有些渊源的深圳电信，并迅速达成了协议：深圳电信出服务器和带宽，腾讯出技术，共同联合开发一个项目，这个项目就是后来的OICQ。这个项目的初期启动费用是60万元，腾讯曾经想把OICQ以60万元的价格卖给深圳电信的说法由此产生。

在笔者看来，这个60万元卖掉OICQ的说法是值得商榷的。有丁磊同一套系统卖给多个客户的成功经验在前，即使拿了深圳电信的60万元，深圳电信拿到的应该只是一个副本系统，OICQ的产权仍然是在腾讯手中，这才是比较靠谱的做法。

腾讯开始为自己设计这样的商业模式：向各地电信部门和ICP等卖一套连带用户在内的在线寻呼系统，要价是100万～300万元每套，对应的用户级别不一。

第一个把姑娘比成鲜花的是天才,第二个把姑娘比成鲜花的是笨蛋。这一原则再次起了作用,虽然卖的产品不同,但按照网易的成功模式生搬硬套,多少有点削足适履的意思。相比于网易免费电子邮箱系统的高歌猛进,腾讯基于 OICQ 系统的解决方案却步履蹒跚。

为什么电信部门和 ICP 愿意给邮件系统买单而对 OICQ 说 NO 呢?这是因为电子邮件在当时已经是成熟的互联网应用。上网先申请一个电子邮箱这样的用户需求不需要教育就已经广泛普及,在这个基础上,推出后缀名简单好记的免费电子邮箱定能大受欢迎。

同样重要的原因是,当时的 OICQ 缺乏商业前景。邮件系统存在变现价值,丁磊卖给广州电信的 163.net 转手卖了 5000 万元,至于 OICQ 能值多少钱,当时还没有人看得出来。

虽然 AOL 肯按平均将近 30 美元一个用户的价格买 ICQ,但这并不代表国内的公司也会这样做。一是当时的中国互联网行业还不习惯买用户的概念;二来在还处于教育期的中国互联网,不清楚花大价钱买下腾讯带来的用户如何给自己创造价值,但在成熟的美国市场则存在这种可能——虽然买下 ICQ 的 AOL 最后也没有把这种可能变成现实。

向电信系统提供解决方案这条路走不通,那就只好走向用户收钱的路数。必须补充说明的一点是,腾讯的 5 个创始人中,有 4 个是有电信背景的,这就很自然地形成一种路径依赖,也很自然而然地想到,腾讯是不是可以像电信部门一样,向用户收钱呢?

但怎么收钱,这是个问题。

虽然腾讯对如何向用户收费没有很好的想法,但有一点是明确的,不管是哪种模式,都需要建立在大量用户的基础上。

随着腾讯用户量的增加,腾讯用于服务器、带宽等硬件投入也在加大。

需要补充说明的是，与其他类ICQ产品甚至和ICQ不同的是，腾讯当时的当家产品OICQ在客户端上其实优势不大，优势更大的是OICQ提供服务器端的存储服务，也就是在服务器上同步保留用户之前的聊天记录。这一杀手级应用虽然给OICQ带来爆发性的用户增长，但同时也给腾讯带来在服务器和带宽等硬件投入上的巨大压力。

有传言说，1999年11月，当OICQ注册用户数到了100万的时候，腾讯账面上只有1万多元。还有传言说，那年圣诞腾讯不得不跑到香港去搞来便宜的笔记本电脑然后转手卖出。虽然腾讯不会承认，但当时的艰辛可见一斑。

因为用户的迅速增长，腾讯的财务压力一直很大。即便是从创业到上市的这段时间里，腾讯也一直处于一种摸石头过河的状态，一方面是坚信用户一定能为腾讯创造价值，另一方面却又不知道如何实现这一价值——在随着用户数量上升而增长的各项费用面前，这是让腾讯头疼的问题。

不少老用户或许还记得，有一段时间腾讯曾考虑过注册收费。当用户通过腾讯网站注册免费QQ号的时候，往往会出现诸如系统繁忙之类的提示，但如果通过拨打声讯电话等付费方式注册的时候却是畅通无阻。显然，这只是腾讯为了变现用户价值所弄出来的尝试之一。

有一种说法，说这是因为腾讯为了向用户提供更好的服务而刻意压制了用户的增长。这种马后炮式的解释，看上去很像腾讯不给力的公关部门的风格。

如果说腾讯果真是压制了用户的增长，除了想不清楚如何将用户变成价值外，更多的是这种超出了之前预期的短暂欣喜之后的迷茫：我们有能力做好这些事情吗？是不是到此为止保住现有的果实？我们有必要付出更大的代价去维护这些用户吗？

就在腾讯纠结的时候，运气再一次眷顾腾讯。中国移动在2000年年底发起的移动梦网计划,让诸多互联网公司可以靠着移动梦网的SP收入(即在移动的平台上帮助移动发展用户提供服务来分成)迅速找到商业模式。本身就想着怎么把自己积累的这些用户倒腾出去的腾讯很快由此获得千万收入,并很快成为赢利最高的互联网公司,因此成功上岸。

列位看官,在接着来看摸着石头过了河上了岸的腾讯的表现之前,我们先做个小结:

第一,腾讯是中国互联网公司里最早形成朴素的用户概念的公司。

第二,如果最开始,腾讯在没有收入的前提下,去死扛服务器和带宽投入,还可以大谈特谈用户体验,并习惯性地将用户视为不容让人染指的“自己的用户”的话,但腾讯的SP经历其实使得其无法真正将用户当做上帝。一个SP,至少中国的SP,是缺少对用户的敬畏之心的,不然也不会成为“315晚会”的常客了。

第三,腾讯对用户是在意的,但更在意的是怎么从用户口袋里掏出真金白银。如此,才能真正理解腾讯在上市之后所做的扩张以及3Q大战中的“艰难决定”之类的种种表现。

## 曾李青和刘炽平

百度那么有钱为什么不吃掉腾讯呢?答案在《非诚勿扰2》里面——北极熊为啥不吃企鹅宝宝呢?企鹅宝宝住在南极,北极熊和它见不着面呗。

让我们忘了这个冷笑话吧,这个说法当做笑话来说说没问题,但是做互联网的都知道这个问题本身就是个伪命题。因为腾讯长久以来一直霸占着中国最赚钱的互联网公司的宝座,只有腾讯去吃别人,哪有让别人来吃自己的道理。

翻开腾讯的账簿，财务报表上写得清清楚楚：2001年，腾讯收入4907.6万元，纯利1021.6万元，这一年已在纳斯达克上市的新浪、搜狐和网易三大门户尚未盈利。

我们暂且把腾讯此时的良好表现当做是托了SP的福。

2002年，腾讯收入2.631亿元，纯利1.407亿元；2003年，腾讯收入7.35亿元，纯利3.222亿元；2004年，腾讯收入11.435亿元，纯利4.467亿元；2005年，腾讯收入14.264亿元，纯利4.854亿元；2006年，腾讯收入28.004亿元，纯利10.638亿元；2007年腾讯收入38.209亿元，纯利15.66亿元[①]。从2006年开始，腾讯成为中国互联网公司中收入最高、赚钱最多的公司。

SP的成功让腾讯赢得了喘息的机会，但也使得腾讯的最高层决策产生了微妙的变化。

腾讯是5个人一起创办的，这5个人是马化腾、张志东、曾李青、陈一丹和许晨晔。这5个人中，曾李青是马化腾姐姐马向南在深圳电信的同事，在此之前他们在深圳计算机协会这个社团里共同合作过，也算相熟，而其他人分别是马化腾从深圳中学到深圳大学的同学。

按《沸腾十五年——中国互联网1995—2009》中的说法，马化腾占公司股份的47.5%，张志东作为技术合伙人占有20%，曾李青占有12.5%，而陈一丹和许晨晔各自拥有10%。之后二次增资的时候虽然大家各自按比例出了一笔钱，但格局并没有改变。

对应的组织结构最开始是分四块，除马化腾外，其他四个创始人每人单独管一块，张志东管研发，研发分客户端和服务器两端；曾李青管市场和运

---

①数据来源：2004年以前的数据来自于艾瑞《腾讯财务分析报告》，2004年以后的数据来自于年报。

营，主要和电信运营商合作，也出外打一些单；陈一丹管行政，进人和内部审计等；许晨晔管对外的一些职能部门，比如信息部，最开始的网站部在许的管理范畴，对外公关部门也属许的范畴。

和这个组织结构对应的决策体系也很有趣，最开始的时候，负责行政、财务的陈一丹和负责营收的曾李青在组织结构里是很容易设置成相互对手的，因此，两个人经常会对事而不对人地有一些争端。这个时候，张志东往往会第三个发表意见，张志东技术出身，在反对他的人看来多少有些偏执，但有一点，张志东认理，当然这个理是他认为的理。也就是说，当曾李青和陈一丹争论的时候，张志东会根据他的认知进行“站队”。至于许晨晔，他是一个好好先生，他在整个决策体系里起平衡作用。很多时候，他是站在多数派的那一边或者弃权先观望。最后发表意见的总是马化腾，他负责整个团队的临门一脚，或者是在 2 对 2 的时候出来一票定乾坤(这种情况不多)，更多的是当许晨晔弃权、变成 2 对 1 的时候，自己这一票下去变成 3 比 1，同样是一票定乾坤。

随着腾讯业务的做大，腾讯在 2001 年后开始做第二次组织结构调整，变成 R 线和 M 线并举，其他职能部门形成支持体系的结构。R 线是研发线，由张志东统帅；M 线是市场线，由曾李青带队。这个调整凸显了曾李青和张志东的地位，同时两人之间又形成了相互的平衡。

这个划分所获取的平衡只是短暂的，存在的问题是哪些属于研发范畴，哪些属于市场范畴，对此，多少还是划分不清。因为，很多产品并不是一开发出来就能赚钱的，如何平衡新产品的短期营收和长期回报之间的矛盾，本身就是个世界性的难题。

但有一类项目是最容易得到支持的，那就是基于 QQ 的会员业务的增值项目。其实短信也可以算，但最典型的还是 QQ 秀。这个项目对张志东和曾李青都有促动，都有关联，这也是为什么这个项目第一轮被马化腾枪毙掉还能通过的原因所在。当然，这可能也与QQ秀项目第一轮的时候介绍得过于简单有关。

SP上马后决策体系发生了微妙的变化。腾讯的5个创始人中，马化腾和张志东都在寻呼机企业润迅工作过，曾李青和许晨晔则是深圳电信的同事，5个人中有4个人在电信的体系中混迹过，具备一定的先天资源优势，对SP这种电信增值服务模式的理解也更加深刻。而腾讯本身又是一个用户聚集的平台，因此，在SP的蛮荒时代，大家的意见空前统一，而作为业务主导和具体执行的曾李青的话语权是放大了的。

单从对外的张力和行事派头来说，曾李青也比马化腾更像老板。

从外表上看，曾李青的确比马化腾更有老板像，两个人个子上相差无几，但曾李青要比马化腾富态很多，在穿着上也明显更商务一些，在语言表达和人际沟通方面也要强上许多。因此，每次两个人结伴出去谈商务合作，曾李青总是会被人误认为是大老板，而外表清秀、给人以大学生印象的马化腾总是会被认为是公司的运营助理或秘书等角色。

华南互联网的老人，时任广东电信旗下21CN事业部高级经理的丁志锋曾和笔者回忆起腾讯最困难的时候求见21CN的情景：当时腾讯希望21CN收购QQ(注:更多是类似网易模式的光卖系统)，丁志锋还记得报价是300万元人民币，代表腾讯来谈的正是马化腾和曾李青。不过，当马化腾和曾李青两个人走进会议室的时候，21CN的所有人都把曾李青认成马化腾，这很显然是因为曾李青的派头更足。即便是讨论过程中，曾李青也比马化腾更具备攻击性，更像拿主意的人。

有故事说马化腾和曾李青一起到美国考察签证，马化腾被拒签而曾李青过关，并成功激起了签证官对腾讯的兴趣，最后重新给马化腾签证，这也说明了曾李青比马化腾更具备领导风范。

有那么一段时间，至少在曾李青的体系里，虚拟电信运营商的提法一直很盛,这的确是个腾讯可以跨越的路径方向。不过,这个提法在腾讯内部无法获得完全的认同和统一,业务推动没问题,但是否就此进入战略跨越,那是两说。

有看官也许会问,是不是因为对公司主导权上的争夺,导致曾李青在2006年12月的光荣退休呢?我的答案是NO。一是从时间上来说并不匹配,曾李青提虚拟电信运营商概念早在2002年;二是给予曾李青这个虚拟电信运营商提法最大压力并非来自内部,而是外部的中国移动这些正牌电信运营商。对于中国移动们来说,虽然腾讯最多曾经占据移动梦网的半壁江山,而且一直是最大的合作伙伴,但断然不希望腾讯成为其掘墓人,即便事实如此,也不希望从曾李青的口中说出。

外部合作伙伴的压力和内部的不统一,让曾李青的虚拟电信运营商的提法仅仅停留在提法上而已。对于CEO马化腾来说,他必须自己破局,或者说,他需要有人帮他破局。

这个时候,一个人出现了,他就是刘炽平。

刘炽平的出现,最开始是为腾讯上市而来。

刘炽平拥有美国密歇根大学电子工程学士学位,斯坦福大学电子工程硕士学位以及西北大学凯洛格管理学院工商管理硕士学位,在加入高盛亚洲银行担任电信、媒体和科技组经理之前,曾在麦肯锡公司从事管理咨询工作。

刘炽平要代表高盛亚洲把腾讯的上市项目拿下来,最重要的一点是说服马化腾在香港上市。只要腾讯选择在香港上市,那么,其实选择不多,高盛亚洲是当然的首选。不过,当时互联网公司上市的首选之地当属美国,中国当时的一线互联网公司新浪、网易、搜狐都是在美国上市的。2004年海外上市的9家中国互联网公司中,只有腾讯选择了在香港上市。

对于为什么没有从众奔赴纳斯达克上市,马化腾后来接受媒体采访时说:承销顾问中,6家建议在香港,4家建议在纳斯达克,3家建议两边同时上，搞得我头都大了。

让马化腾头大的是，香港上市公司的想象空间相对较小，因此，市盈率较低。但好处是香港和深圳只有一海之隔，作为创业者的马化腾有更多的地利和香港资本市场进行沟通与对接；广东本地乃至整个内地有很多看好腾讯股票的个人投资者也可以有很方便的途径去做腾讯股票的个人投资，的确难以选择。

腾讯最后还是选择了在香港上市。打动马化腾的据说是刘炽平的一句话：“香港的确市盈率相对美国较低，但如果腾讯成为其龙头的话，那会怎么样呢?”

怀揣着成为香港科技股龙头甚至是中国乃至全球互联网决定性力量的梦想和愿景，腾讯从香港出发，成为香港上市公司的一员。

不过，最开始，整个香港资本市场对腾讯还不是特别地了解和认可，因此股价一直在低位徘徊。在刘炽平的建议下，腾讯发表公开承诺，2004 年年底将实现承诺 4.41 亿元的利润。4.41 亿元的年利润不仅让腾讯进入 2004 年最赚钱的互联网公司的行列，而且按照 2004 年年底腾讯 11 个亿的销售收入来计算，腾讯的纯利率将达到 40%，这即便是放到传统商业领域，也是一个相当惊人的高利润公司。

今天看起来，身在高盛的刘炽平提出这个任务要求有其合情合理的地方。由于众多香港本地的投资者对腾讯模式将信将疑，虽然香港本地的投资者看不懂腾讯模式，但他们能读懂财务报表，那么，OK，就用数字说话吧。这样的套路和招数，在腾讯之前成为香港高科技股龙头的联想，也是如此照方抓药的。

完成 4.41 亿元全年利润的任务压到了曾李青头上，而曾李青之前建立起的全国销售体系发挥了作用。他到各个销售办事处和分公司走了一圈，做了两件事情：一件事情是和各地分支机构的人讨论怎么确保完成任务；另一件事情是讨论怎么压缩开支，减少新产品线的投入和战略性支出。

这个时候的腾讯其实从根本上说更多是一个为移动提供短信内容和渠道销售的SP公司，短信的收入虽然很丰厚，但由于是移动一家独大的强庄市场，存在很大的不确定性，因此，2004年的腾讯其实还存在一个转型的压力。

到了2004年年底，腾讯虽然完成了对股民的承诺，纯利达到4.467亿元，超过全年4.41亿元的利润承诺，但对应地，这种根据资本市场需求定指标的做法也在腾讯上下引发了很大程度的反感、牢骚。

马化腾敏锐地意识到这里可能出大问题，虽然腾讯上市了，但不能完全被资本市场牵着鼻子走，他必须为腾讯和香港资本市场之间建立起一个宽松、有效的对话机制。显然，他和曾李青都不合适，即便是在MIH投资进腾讯时聘请的首席财务官曾振国也不合适。曾振国虽然曾在BASF及赫斯特等跨国企业担任财务及资金管理要职，早前亦曾在美国的国际商业银行担任管理要务，但在与香港资本市场对接方面，曾振国存在人脉上的短板。

马化腾把目光盯上了刘炽平，这位代表高盛亚洲与腾讯对接的项目经理。

关于刘炽平的加入，腾讯内部喜欢讲述的故事是：2003年的一天，在一架香港飞往美国的航班上，陈一丹向他同机一起为腾讯上市奔波的刘炽平发出邀请：炽平，有没有可能加盟腾讯？这个故事，能帮助说明刘炽平和腾讯的缘分由来已久，但漏洞在于，当时刘炽平正在代表高盛做腾讯上市的项目，临时跳下去，其实是个双杀的决定，甚至有内部交易的嫌疑。因此这个时候的邀请更多只是试探而已。

不过，到了2005年开春，刘炽平加入腾讯，担任腾讯的首席投资官在法律上并无问题，也属于情理之中。刘炽平的到来，看似是马化腾的被动应招，却在事后成为拈花妙手。

腾讯的2005财年，由于移动再出重手，特别是发布关于二次确认的相关条例，包括腾讯在内的诸多SP公司都遭受重创。而之前由于没有在2004年完成战略布局的转身，腾讯对新的增长点的培育不够，新业务没有能及时地顶了下来。腾讯的2005年报表收入14.264亿元，纯利4.854亿元。与2004年相比，虽然收入增长了将近30%，利润却只增长了不到10%，整个利润率也从2004年的40%降低到30%。腾讯在香港资本市场刚刚建立起来的认可和好感与腾讯是否增长乏力的疑惑同时存在，让投资者又开始犹豫起来，看空腾讯的声音开始响起。

这个时候，刘炽平的作用发挥出来了，这位前高盛经理空降腾讯本身就让很多香港的机构投资者看好腾讯的未来从而加重了砝码。更重要的是，刘炽平在香港资本市场良好的人脉让他能很好地与机构投资者进行沟通，这让他们能更好、更真实地了解腾讯遇到的困难和解决建议。这给腾讯的发展赢得了喘息的机会，特别是其最困难的2005年。

另一个说法则是，高盛当时利用腾讯2004年全力冲刺带来的被动，以及腾讯2005年绝难达到预期的市场表现和在资本市场上的连锁反应，开始联合诸多和高盛关系良好的同道进行联合坐庄，一起吸货，帮腾讯在香港资本市场形成超级大底。这种说法来自于接近高盛的多名个人炒家，从腾讯上市之后的曲线图上来看也有其合理性。

按照这个说法，刘炽平的进入是带着使命的，他的进入更多的是高盛对自我利益的保护性举措。

不论是马化腾的信手拈来还是刘炽平肩负特殊使命进入腾讯进行合谋，对应的事实是：2005年4月，腾讯控股对外宣布，将从二级市场回购10%的股份。

这次回购之前，腾讯控股的前三大股东NASPERS持股35.694%，创始人马化腾和张志东分别持股13.733%和6.122%。NASPERS应该是MIH的全权代理公司，也就是说，其在上市之后大概卖掉了14.3%不到的股份。

上市当日,马化腾和张志东的股份分别是14.43%和6.43%,这次回购前,马化腾和张志东出手的股票都不到1%,前者只有7‰,后者是3‰。

回购的10%,MIH承担了4%,其总股数变成了将近40%。剩余的股份则由腾讯的5个创始人持有,对应地,马化腾创业五人组的股权接近33%。

按照腾讯当时的股本,10%的股份约为1.77亿股,以腾讯2005年3月的股票最低价5港元计算,这笔钱要超过8亿港元。若其中60%的股份由腾讯自己承担,那么,腾讯要为此掏钱超过5亿港元。腾讯从2001年起开始盈利,2003年盈利过亿,2004年盈利4.41亿元,2005年年底,腾讯的整个利润为4.8亿元,腾讯历年累积的利润超过10个亿。不过,从10个亿的利润里拿出5亿左右来给董事们回购股票,还是一个大动作,对市场的提振相当地大。

腾讯的成功,有很多偶然性,高盛愿意和腾讯一起在香港资本市场上进行合理合法的操作,也是其中一个重要原因。

必须回过来再说一说刘炽平,如果仅仅满足做首席投资官的角色,他其实可以留在高盛。刘炽平愿意跳进腾讯,本身是有更多的企图心的。

而这个时候,马化腾其实也需要刘炽平。

如前所言,马化腾与曾李青之间的关系,虽然亲密,但类似雍正爷和年羹尧的关系,很是微妙。

刘炽平是实施这个大动作的最好人选,他先是在首席投资官这个位置上赢得所有人的认可,并为公司立下大功,因此更进一步是理所应当的。

有看官可能会问:马化腾为什么愿意让刘炽平当总裁,而不愿意请曾李青更进一步呢?

这是个蛮难回答的问题,还是看刘炽平出任总裁后腾讯做了哪些事情吧:

在2006年之后,伴随着薪酬体系的调整,腾讯内部又做了一次大的组织结构调整，即变成四横四纵的格局。四个产生正现金流而且和资本市场息息相关的业务单元分别为：移动互联网业务、互联网增值业务、网络广告业务和互动娱乐业务。四横是指四个支持体系：运营维护支持体系、创新研发体系、行政职能部门体系和员工成长体系。

这四个支持体系，运营维护和创新研发都是从微软请过来的联席 CTO 熊明华的管辖范围，行政职能和员工成长体系则是陈一丹的管辖范围。四个业务单元则由提拔上来的业务干部以执行副总裁的身份来管理，分别是吴宵光掌管互联网增值业务，刘成敏掌管移动互联网业务，任宇昕掌管互动娱乐业务，刘胜义掌管网络广告业务。

列位看官也许又要问，为啥公司做大了总要做组织结构的重构呢？这一组织结构的调整对腾讯的发展和创新体系的建设起到什么样的推动呢？

## 产品经理马化腾

书接上回，先回答上文提到的那个问题，既为什么公司大了总是会做组织结构的重构呢？

这很好理解，从历史上看，但凡革命成功坐了江山的皇帝们总是要调整权力分配，一个萝卜一个坑地把人派下去方便管理。过去干革命的时候土包子一些没关系，但现在眼看着江山在手、天下我有，总是要按着正统的规矩来，提前做个热身总不是坏事。

同样是要给萝卜挖个坑，还是会有种种不同。有的朝代会设三省，有的朝代会设六部，有的朝代会有宰相，有的朝代是大学士……这一切都需要从自身实际情况出发，设计相应的层级结构。

而腾讯的组织架构是一种以 IM 为核心、围绕着 IM 建立业务部门的架构。这种方式可以最大限度地发挥腾讯的平台作用,也符合马化腾天下第一产品经理的定位,由此给腾讯打下重视产品、重视体验的烙印。

随着腾讯的业务部门增加到30多个这样一个数量,管理也变成了一个大问题。具体表现为:决策复杂,层级很多,关系理不清,部门间的协作性不强,等等。尤其是上市后,腾讯员工数量迅速膨胀,过去几百人时的组织结构已经不适合现在几千人的发展,大刀阔斧的架构调整已经不可避免。

在这次调整中,所有的一线业务系统被整合为4个业务单元,增强了各项业务之间的联系;首次设立了执行副总裁的职位,由7人担任,每个人都负责一个具体的业务部门。

这样做的好处很多,实在是一石三鸟:

一是可以摆脱腾讯数年来只依靠SP业务的尴尬,曾李青的权力也由此被削弱。

二是给刘炽平腾位置,让他开始着手建立腾讯的支撑和保障体系。

三是马化腾本人从具体事务中解脱出来,给自己戴了个“首席体验官”的帽子,更加专注于产品规划和公司长远规划。

表面看来,经过这样的调整,马化腾的权力控制似乎弱了,但这却是马化腾得以扬长避短、充分利用组织资源和让腾讯成为中国互联网领头羊的重要原因。将自己不擅长的事情交出去,专注于产品领域——在腾讯这个产品导向的特殊环境中,抓住了产品,就抓住了一切。

这次结构调整所伴随的还有腾讯员工的迅速增加,在上市前后,腾讯从同城的两家知名企业华为和中兴引进大批员工。虽然说华为、中兴做的是通信,腾讯是互联网,但最基础的工程师这块的要求是相通的。更重要的是,腾讯在发展中曾多次向这两家企业学习成功经验,引进员工则是利用现成的成功经验、提升企业管理水平(至少马化腾是这样认为)的最好手段。

例如,腾讯第272号员工、人力资源总监奚丹就来自中兴。可以预见,这样一位人力资源总监在制定考核、薪资等相关政策的时候必定会参照老东家的方案。事实也是如此，在与这次组织结构调整相关的政策发布中，薪酬调整和引入5%末位淘汰机制的方案对腾讯来说，都是前所未有的。

在快鱼吃慢鱼的互联网时代，作为互联网公司、本应该更强调个性的腾讯却要借鉴比其更传统的通信巨头的规范化管理经验，用他们的管理方式，将每一个人变成整个庞然大物上的一个零件、一颗螺丝钉，这的确很让人感慨：腾讯已经丧失了互联网公司应有的锐气。而另一个方面的解读则是，腾讯在走自己的路、个性化、创造力与效率、降低管理难度和成本之间选择了后者。

当然，腾讯做出这样的选择也与资本的意志有关，在前景光明但不确定性很强的未来之星与老成持重的现金奶牛之间，投资者往往会选择后者。一鸟在手胜于二鸟在林，未来固然重要，但如果这个未来充满了种种不可控因素和不确定性，那还是先把能够赚到的钱赚了再说。

腾讯上市的地点也同样决定了资本的意志。

有这样一个故事：国内某企业准备上市，路演第一站是香港，CEO信心十足地刚开讲没几分钟，马上就被投资者喊停，说我不要看这些，你先告诉我，公司现在现金流如何，最大的10个客户是谁，等等。CEO一下子被打得措手不及，于是在从香港到美国的飞机上改好了PPT。结果在美国没讲几分钟，又被美国投资人喊停，说你现在讲的现金流之类的对我来说有什么意义，我要知道的是，你对未来有什么样的规划，三年后你的公司会变成什么样子？

腾讯选择了在香港上市，据说原因是离自己近一些，可以与投资人有更多交流的机会。同时，香港也是一个更加现实的资本市场，在这样的环境中从4港元成长到200港元的腾讯，又怎么可能不考虑股东对现金的偏好？

总结一下腾讯的这次组织结构调整，正面的结果是顺应了资本市场的要求，以规范化的方式进行企业管理，让资本市场和投资者对腾讯大为满意。

但是,事物总是一分为二的。如果说腾讯的务实态度是正面结果,那么负面结果就是在一定程度上压制了创新。不仅由于腾讯对内的循规蹈矩的策略和规范,更在于腾讯对外必须以不断倍增的业绩来满足投资者的需求。在内部因素和外部因素的双重制约下,想让腾讯由产品导向转向创新导向,那简直是天方夜谭。

不管怎么说,腾讯号列车一旦选择了充分利用用户平台实现价值最大化的方向,剩下的就是依靠惯性滚滚向前。

如前所言,腾讯能持续成长,更多的是腾讯长期在用户身上的持续投入开始起作用。

这是腾讯最大的杀器。而对于另一家中国互联网的巨头百度来说,哪怕百度可以声称自己是中国第一大流量网站,搜索引擎市场占有率达到70%以上,覆盖中国95%的4亿网民,但因为没有一款用户黏性强的产品,因此真要说这4亿网民是自己的用户,自己首先底气不足。

但这并不是说流量不重要。互联网兴起之初,媒体认为互联网时代首先是一个抢夺眼球的时代,“流量为王”也成了第一代互联网公司信奉的法宝。但后来经过一系列演变,大家慢慢发现,做流量不如做联盟,做联盟不如做导航,做导航不如做搜索。

如果这句话到这里结束的话,做搜索的百度应该是最高兴的,但这句话后面还有一句:做搜索不如做客户端。

腾讯做的就是客户端。

从“流量为王”到“客户端为王”,其实也就是近几年的事情。在门户网站时代,互联网的信息是有限的,入口也是有限的,只要做出东西来,用户就会蜂拥而至。而随着信息的爆炸式增长,门户时代慢慢过渡到搜索时代。但随着网民技能的进一步提高和上网习惯的改变,笑到最后的,还是客户端。

用户是最三心二意的,你无法限制他去点击另外一个网站。就连掐住了门户网站脖子的搜索引擎，Keso也在博客中说过，用户从一个搜索引擎切换到另一个搜索引擎只要27秒的时间。

所以，Google才会不断丰富自己的产品，用一系列需要登录的产品来留住用户，为的就是增加用户切换到另一个搜索引擎的门槛。Google的粉丝比百度用户忠诚，这种局面可不是没有任何道理的。

做到客户端这个层面，不仅仅是从收藏夹到桌面和右下角那么简单。只有用户认可了你可以像大宝一样“天天见”，才代表你圈住的用户真正算得上是你的。还是拿腾讯和百度做对比，腾讯的小弟忠于社团，有组织有纪律；而百度的小弟虽然多，但是有事的时候却怎么也找不到人，这架还怎么打啊（当然，百度打赢了Google，有外来和尚没念好经的因素，这个另当别论）？

同是客户端，基于人与人关系的腾讯无疑是客户端中的王者，人与人一旦发生交互，所产生的能量就是几何级数的增长。所以一开始腾讯在用户数量比较低的时候还不怎么显山露水，而越往后，这种相对于其他互联网企业的优势就越发明显。

戏法人人会变，只是巧妙不同，你练吸星大法，他练葵花宝典。而腾讯老老实实地练所有人看不上的野球拳，只有练到10级，威力才会最大，如果在没有练满10级的时候被人拍死，这当中的风险是需要自负的。

不过，马化腾也深知不断地从用户身上收费和保持良好的用户体验是个矛盾，这也是他在内部一直以首席产品经理自居的原因所在。腾讯内部的产品经理经验分享课中就有一个教程是如何争取Pony（马化腾的英文名）的支持。

在腾讯内部，还有一种说法是，大的项目如果不能得到马化腾的认可和支持，那么就很难得到推动。

马化腾如此事必躬亲，很大程度在于，腾讯在资本市场上的压力很大，而业务收入更多是拿用户体验换来的，由此必然对腾讯用户的产品体验有所影响。因此,他一方面要不断面对资本市场对腾讯高成长的要求;另一方面,要不断地寻找到能让用户心甘情愿的付费点。

那么,这是不是腾讯内部的创新体系更多只是形而上,腾讯最终成为一个山寨大王的原因所在呢?

## 从争第一到保第一

书接上回,腾讯一方面要不断找到用户愿意的付费点,一方面得持续把用户池子做大,如此,才能形成先有用户后从用户身上收费的蛋鸡问题。

有看官会问,既然如此,为什么就没有公司也仿照腾讯迅速聚集用户,凭借着更好的用户体验和对用户更好的服务来动摇腾讯的根基,借此挑战腾讯呢?

其实也是有挑战者,比如淘宝曾经让腾讯大为光火,于是腾讯迅速做出拍拍与之应对;51也曾经让腾讯有些被动,但腾讯很快用Qzone来将51击溃。而随着将一个又一个挑战者打败,腾讯也开始完成从“争第一”向“保第一”的转变。

“争第一”和“保第一”的区别,可以用一句经典广告词来描述:

老二说:我们屈居第二,因此我们一直在努力。

老大说:因为我们是老大,我们更愿意看老二怎么努力。

争第一是进攻;保第一是防守。在争第一的时候,可以采取一些激进的手段,从自己最擅长的领域出发,只要把自己最擅长的地方发挥到极致,就有机会争到第一。而当你坐到了第一的宝座时,你就必须补齐所有的短板,拒绝冒险;你必须研究所有竞争对手,尤其腾讯自己是抓住了没人看好的IM成为老大的,他也害怕有哪个领域没有注意到,然后突然冲出一匹黑马,将他从宝座上赶下来。

幸好，腾讯拥有一个数量庞大的用户平台，在观察清楚老二怎么努力之后，腾讯便可以大举杀入，就算不能后来居上，前三名基本上是跑不掉的。

为了保第一，腾讯的产品策略之一就是：所有的互联网应用，只要用户量到了一定级别，腾讯一定要有；别人的产品可以暂时比腾讯做得好，但腾讯绝不会让它不可替代。

当腾讯的产品越来越多的时候，腾讯开始采用跟随战略，这与大公司的招聘策略如出一辙——雇佣名校毕业生可能不是最好的选择，但确实是最保险的选择。

为什么腾讯不去主动探索新的领域？别开玩笑了，菲尔普斯在泳池里近乎天下无敌，突然刘翔跑来说，小菲我们比 110 米栏吧，人家为什么要和你比？

或许由于种种先天和后天的原因，导致了腾讯不善于创新的现实存在。但这个不善于也是相对的，按照腾讯的数据，2010 年腾讯的授权专利总数超过千件，是国内授权专利数量最多的互联网公司。

在做产品上，腾讯比起其他对手来则是高出不止一筹。长期以来的人才培养及储备，使其研发实力雄厚，虽然在产品设计方面腾讯是业内公认的产品“抄袭大王”，但基于用户体验和“微创新”的持续改进，往往总能后来居上，抢下不少市场。

这种“抄袭”，在很多时候是抢人生意甚至是砸人饭碗的事情。而另外两家互联网巨头百度和阿里巴巴，虽然规模与腾讯基本在一个级别上，但在业界却没有像腾讯这样的“全民公敌”的称号。究其原因，还是在于这两家公司吃肉的时候还给其他兄弟喝到了汤。比如，阿里让网店赚到了钱，百度让代理和做 SEO 的吃饱了饭，而腾讯呢？

这么说腾讯或许很委屈：说我吃相难看？那两个兄弟之所以会让利，还不是因为他们没办法大包大揽？我这边用户是我的，应用我自己做，凭什么要拿我口袋里的钱分给别人，当我做慈善啊？再说了，我让做游戏的进我这个平台做联合运营，不是也让他们赚到钱了吗？

但是，这个例子可能会让像五分钟这样的游戏公司不满意。因为像农场这样的游戏，五分钟与开心、人人都是五五分成，只有和腾讯是1∶9，但很快是1∶13，腾讯13，五分钟1。最后，则是腾讯把这个游戏的运营权买断。

但是即便如此，五分钟还是和腾讯按照这个条件签了协议。因为腾讯的平台太强大了，即便如此之低的分成比例，赚的钱还是比其他平台来得快。

五分钟的这种心态，基本上可以归到羡慕嫉妒恨中。连跟着腾讯赚到钱的尚且如此，更不要说那些被腾讯抢了饭碗的互联网公司了。

从某种意义上说，如果没有360的挑拨，或许腾讯仍然会在原有的道路上前进，而3Q大战的直接影响是马化腾发表的对外开放的八点看法（简称“马八点”）。从某种意义上说，有点塞翁失马，焉知非福的味道。

## 未来是一场没有终点的比赛

在讨论腾讯的开放问题之前，让我们先讨论一个问题：

马化腾说的腾讯的转型和对外开放，到底是主动地转型开放，还是被动地转型开放？

这个问题又可以分解为以下两个次一级的问题：

第一，作为腾讯的掌舵人，马化腾是否具备全局思维？

第二，腾讯和马化腾对待创新的态度如何？

先看全局思维。

如果单看“我们做出了一个艰难的决定”，在这个例子中很难看到马化腾和腾讯的全局思维在哪里。而如果进一步联想到马化腾长期把自己当成一个产品经理,更能够让人觉得,这个艰难的决定,看起来更是以产品经理的身份做出的,而不是以CEO身份做出的。

虽然在这个例子中马化腾表现得更像一个产品经理,但在许多需要做决策的时候,马化腾所表现出来的眼界和对未来的判断还是相当精准的。例如说服董事会全体成员上门户、上马拍拍等,还有腾讯用一系列产品编制的一张大网,都是足以证明马化腾具备全局思维能力的有力证据。只不过大家在考虑这个问题的时候,总是习惯先想起他在产品方面的突出能力,而忽视了他另外一方面的技能。

在考虑腾讯的创新时往往也落入这样的思维方式。马化腾就说过,腾讯申请的专利在业界一直是最多的,甚至是其他互联网公司的总和。但是很多人在看待腾讯在某一领域的后来居上时,会想当然地觉得你超越了你的对手,肯定只是用了用户群,没有做什么东西。

之所以会让很多人有这样的印象,是因为从上一节的分析我们可以知道,在腾讯,做好产品第一,创新第二。严格说起来,这样的排序没有什么大问题,李开复也曾经说过,创新不重要,有用的创新才重要。光是想创新,与产品结合不起来,那也是白搭。

可问题在于,腾讯的平台优势和产品优势实在太强了,强到不仅外界会将腾讯的成功归结于用户基础,而且内部也养成了依赖腾讯平台的习惯。

如前所述,腾讯是按照产品线设立业务部门的。在对每个业务部门进行考核的情况下,业务负责人可能会惊喜地发现,与其累死累活、绞尽脑汁地去搞创新,还不如利用腾讯的传统优势去"抄"一些已经出现良好发展趋势的产品,这样更容易完成最终的KPI。

在公司层面,腾讯也不是不想做一些主动创新,腾讯创新中心的出现就很说明问题。其本意是不考虑市场因素,而是完全从创新实现突破,但由于种种因素的制约，这个创新中心并没有达到所期望的目标。

笔者相信之所以会出现这样的尝试，是因为马化腾本人还是特别希望推进公司的创新风气的，尽管创新的确很难，但谁也不会不提倡创新。

这就是我们得出的两个结论：第一，马化腾并不缺乏全局意识，只不过这种全局意识往往有意无意地被产品经理的身份所掩盖；第二，马化腾本人还是鼓励创新的，但由于种种因素的制约，才造成了现在这种对腾讯创新的独特印象。

这是多么奇特的一种局面。

3Q大战前的马化腾的状态让我想到美国总统罗斯福，他在对日本宣战之前实际上已经做好了相关的准备。有研究认为，美国已经截获了日本即将对珍珠港发动突袭的情报，但罗斯福还是放任了这件事情的发生，因为他需要以珍珠港事件作为导火索，来达到他想要参战的目标。

这么说颇有阴谋论的味道，但结合腾讯的实际来看却又有颇多相吻合之处。

关键在于制约着腾讯的“种种因素”上。

如果从天时地利人和的三要素进行分析，腾讯起步的时候正是中国互联网的第一浪，算是天时，但还是稍晚；但地利和人和上，就要差得多。

先说地利。坦率地说，腾讯所处的位置深圳，对于互联网企业来说，其实并不是一个很好的地方，不仅缺乏像北京和上海那样的高校群，在未来发展上也没有什么特别的优势；对互联网从业者来说，不仅生活成本偏高，而且远离互联网中心，很容易一不小心就被排除在互联网圈子外，想要跳槽都不方便。

再说人和。腾讯的五人创始团队配置不错，但作为团队核心的马化腾其实不是一个高调的、能主动吸引人的领导者，这其实是个很重要的技能。看看马云就知道，如果没有发动“蛊惑”的主公计，无法说服十八罗汉和他回到杭州拿每个月500元的工资，或许就没有今天的阿里巴巴。

面对地域的限制和人格魅力上的缺陷，腾讯想要吸引到进一步发展的人才就只好在期权上下更多工夫，这也要求腾讯的估价需要有持续的上涨空间——这与机构投资者的利益是一致的。而要维持股价的增长，腾讯就很难腾出手来用100%的状态做创新。

相比之下，当今互联网第一股Google之所以可以不断创新，就是因为它可以不必理睬股价——至少在短期内如此。因为美国投资者更看重未来，从崭露头角起，Google就背负起挑战微软的使命。做一家独一无二的创新公司，是其股价的最大支撑。

人才、期权、股价的压力，使得腾讯一直没有进入创新的从容境界。对那些更希望做创新或者想按自己的想法做一些事情的员工来说，他们可能会对现状失望，甚至离开公司。

我想说的并不是劣币驱逐良币，因为除了极少数牛叉公司外，创新与做好业绩对一家公司来说往往是一个如何做平衡的过程。并没有说哪一种做法更胜一筹，但是如果双方力量对比太过悬殊，那一定会有问题。

在腾讯一边感慨人才难得的情况下又有那么多人才流失，这一定让马化腾感到心痛。2010年下半年，天使投资人、腾讯创始人之一、原腾讯COO曾李青在他的游艇上开了一场腾讯离职员工年会，大概有80多人参加，阵容之豪华，足以让许多国内互联网公司羡慕。

——顺便说一下曾李青离开腾讯创办的公司的名字，他所创办的投资公司叫德讯，腾讯的讯，有德之人居之的德。

但愿对于这一解释，德讯的员工不会表示压力很大。

在腾讯内部有这样一条公开的秘密：只有Pony(马化腾)亲自抓的项目才会得到强力推进，Pony不亲自抓的项目很难得到认可。究其根源，除了马化腾在产品方面的准确判断外，可能还有一个原因，即强势的曾李青的存在会给马化腾一定的压力。由于马化腾对自己的信心不足,所以才会把资源抓在手里,后来曾李青离开腾讯后这种情况有所缓解,但资本的压力依然存在。

直到今天,腾讯有很多资源对内部都是不开放的。所以当马化腾对外界说腾讯将要对外开放、在半年内实现转型的时候,质疑的声音是那么地让人不容反驳:连对内部都不开放资源,你还怎么对外开放?

但我相信,马化腾是真心希望开放的,我说一个词可能你就会明白。

Facebook。

Facebook 的前身,也不过是给精力充沛到蛋疼的美国学生们一个炫耀自己即将泡到的常春藤名校女朋友的平台。但就是这家公司引领了全球 SNS 的风潮,虽然还没有上市,就已经价值 500 亿美元,在没上市的时候就已经超越了腾讯。而 Facebook 什么时候会超越 Google,已经成为人们讨论的热门话题。

这与腾讯从一个没人注意的地方圈了一块地搞建设,最终挖出金矿的场景又多么相似。

而 Facebook 所圈的这块地,正是腾讯圈下来、未来将要改做房地产生意的那块。

鼓励实名制、封闭的体系、以用户关系为核心——同是基于人与人关系的社会网络,腾讯与 Facebook 有许多相似之处,在用户数量和提供的服务上,两家公司也很相近,唯一的区别在于腾讯没有一个开放的 App Store。

关于腾讯与 Facebook 的相似之处和可能的竞争关系,有一件事可以说明:2010 年 12 月,Facebook 创始人扎克伯格访华,曾先后拜访百度、阿里等互联网巨头。不过值得注意的是,小扎没有特地飞到深圳来参观腾讯。以腾讯中国互联网龙头的地位,如果只是单纯地考察中国市场和有利无害的合作,没有理由不来一下,而这一举动也说明,腾讯和 Facebook 已经是潜在的竞争对手。

腾讯自己有着从一群 ICQ 杀出一条血路的经验，想必很清楚，产品和服务是决定用户归属的重要因素。如果有两个其他条件相当的社交网络，一个开放，一个不开放，那么最后胜出的一定是开放的那一个。虽然腾讯做产品的能力很强，但再强也架不住人多，社交网络上的用户需求是一个长尾市场，不是做好大头就可以的。

其实，腾讯也曾经探索过开放的道路，但由于腾讯的强大用户基础，腾讯很难找到条件对等的合作伙伴。例如之前腾讯和天涯进行合作，在与腾讯的用户平台对接后，天涯业绩迅速增长，并凭着良好表现启动了上市计划。但天涯的成功对腾讯的黏性却几乎没有帮助。在之后的总结中，腾讯将这次合作当做一个肥水流了外人田的失败例子，使得腾讯对开放一直持谨慎态度，许多腾讯觉得自己能做的事情就顺手自己做了。

所以，虽然腾讯一直将自己打造成一个封闭的体系不对外开放，实际上腾讯是很想开放的，但是腾讯不知道怎么开放，更不希望开放给对手——现在想开放而不开放最多叫做闷骚，但对任何人都开放，那叫花痴，是要让人占便宜的。

总结一下我们对腾讯的分析：

腾讯其实是一家很有创新意识的公司，司机马化腾也很有全局意识，之所以出现现在被业界视为“抄袭大王”的局面，未必是马化腾所提倡的，而是资本压力和 KPI 考核下的恶果。腾讯的不创新是被动的不创新，是创新环境没有建立起来。在 Facebook 兴起后，马化腾很早就已经意识到向 Facebook 转型开放的重要性。但腾讯对内已经形成了惯性，对外则需要有勇气对资本市场说 NO。在内部力量不足以支持转型的情况下要强制转型，这才是一个艰难的决定。

但是如果有像 360 这样的外部力量，结果就会不一样。腾讯内部或许会想，老大是不是被 360 打了一下被逼开放？不管是与不是，转型的目的已经达成。在开放后,对内部团队也是一个刺激,只要威胁一下你们做得不好就给外面人做了,就可以提升内部的活力;而资本看到一个360可以对腾讯这样的庞然大物制造那么多麻烦,也会愿意放松一下要求,来配合腾讯的转型。

我们现在再回过头来看“马八点”,可以发现“马八点”在表达上的含糊其辞和当中一些内容上的冲突。现在我们知道了,这八点实际上是将说给员工、投资者、业界、媒体等不同人的话放在了一起,用进两步退一步的方式,来发出向Facebook跃迁的指令。

历史的齿轮,即将启动。

从某种意义上来说,这不仅是一件会改变腾讯未来的事情,更是一件有可能改变中国互联网未来格局的事情,马化腾自然要仔细选择最得力的人选,来把它做好。

他选择的人是除了五个创始人之外的腾讯第一号员工,小光。

小光,大名吴宵光,腾讯高级副总裁,南京大学大气科学系毕业。

我很理解马化腾如此小心谨慎的心态,在写到这里的时候,我突然想起了18年前。请让我们借用月光宝盒倒转时光,回到1992年10月。

南京大学操场,一场系际新生足球赛的德比大战正在举行。刚从浦口某部队驻地军训归来的年轻学生们在操场上释放着在军营中没有用完的精力,都希望在刚刚开始的大学生活中,用自己优异的表现赢得他人的认可,包括我。

我们的对手,就是小光所在的大气系。由于年代久远,除了似乎是我们获胜之外,我已经不记得那场比赛进行的细节。但我可以确认的是,在那场比赛中,在与我同场竞技的学生中,一定有后来成为腾讯足球队队长的小光。

18年后的一个冬天的下午,我在华侨城的紫苑茶馆里和《环球企业家》的高级记者罗燕谈到了那场比赛——她准备在第二天采访小光,采访的内容则是腾讯的创新,以及腾讯的转型和对中国互联网的影响。

之所以会在这里提到18年前的那场比赛，是因为我想说，在很多时候，我们的眼光可能不能看得很远（谁知道18年以后的事情），所以我们会特别看重眼前的输赢，但是将其放到一个足够长的时间来看可能也会变得微不足道，一切都并非最终的结论。

人生如此，互联网也是如此。

所以，我们可以理解为什么马化腾会说出“我们看到很多所谓的垄断，实际上是在产业不断变革的时候，它依然面临很大的危机”的话语，并举出了在Google之后，Facebook、Twitter相继横空出世的例子。有一本书叫《只有偏执狂才能生存》，后来有人说书名翻译错了，应该叫“只有战战兢兢者才能生存”。如临深渊，如履薄冰，马化腾就是这样的一个状态。所以他才会在未来所有可能的领域布以重兵，甚至敢于背上“整个中国互联网公敌”的称号，虽然他一开始可能只是想做好一件东西而已。

与天斗，其乐无穷。

与地斗，其乐无穷。

与人斗，其乐无穷。

这是一场没有终点的比赛。

TABLES

第三章

# A：阿里巴巴，马云的江湖梦

哥不在江湖，江湖却有哥的传说。

能用这句话形容的，往往都是在江湖中武功高强、辈高名重、不问江湖俗务、高来高去的人物，虽然平时不见得亲自出手，但是一出手就必中，闪都闪不开。

比如说，《笑傲江湖》中的风清扬。

风老前辈的厉害之处，在于创出了一套可破天下武功的独孤九剑，教出的半个徒弟令狐冲，在失掉全身内力的情况下，仍然把“天下武功，无坚不摧，唯快不破”发挥到了极致。

神马招式，神马武功，神马内力，都是浮云。

同样，在中国互联网，有一个人也认为，做互联网这个东西，神马产品、神马技术、神马模式都是浮云，只要你能一心一意去做，让足够多的人和你一起做，相信你，就能成功。

而且，他创立的公司有一个规矩，就是要选择一个武侠小说中的人物当做自己的外号，他为自己选择的外号，就叫风清扬。

这个人的名字，叫做马云。

马云确实不像一家互联网公司的老板。他学的是英语，既不懂计算机，也不懂管理学，但偏偏在一次不经意的美国之行中接触了互联网并走火入魔，认定这里面有金矿，不管不顾地扎了进去。按照马云自己的回忆，当初创业的资金是从拉斯维加斯玩老虎机时意外赢来的几千美元。

去了一趟拉斯维加斯就赢来了创业的第一桶金，马云的这个“牛皮”吹得可真够有水准的。此后，马云还吹过无数次“牛皮”，而且它们都有一个共同的特征，那就是除马云外没有当事人之外的任何人在场，无法考证，不能被当面揭穿，即便被揭穿也是数年后的事情。更强大的是，马云还建立起中国互联网公司乃至中国商业公司里最强大的公关体系，可以把这些“牛皮”给圆回来。

如果我们要做一款类似《三国杀》的游戏，马云的技能大概可以被设计成“忽悠：使用‘无中生有’时可以额外摸一张牌”，或者“蛊惑：在需要出牌的时候，可以要求比你血少的任意玩家帮你出非直接伤害性牌”。尤其是“蛊惑”的技能，简直就是马云的最强点。

当中最为马云粉丝所津津乐道的，是 1999 年马云离开北京回杭州创办阿里巴巴的经历。当时马云对他的伙伴们说：“我要回杭州创办一家自己的公司，从零开始。愿意同去的，只有 500 元工资；想留在北京的，可以介绍去收入很高的雅虎和新浪。”他说给 3 天时间让他们考虑，但不到 5 分钟大家就形成了一致决定：回杭州去。

类似的例子还有很多，如马云向某海归开价每月 500 元，海归一边说这连给女朋友打电话的钱都不够，一边说我还是来这上班吧。当有竞争对手以 3 倍价钱挖人的时候，马云又说风凉话了：“3 倍我看算了，如果 5 倍还可以考虑一下。”在网络公司纷纷以股权、房子、高收入套人时，马云对员工说的是：“我唯一能许诺的是 4 年人间的痛苦、委曲、不理解、难以沟通、失败的努力，那才是你们真正的财富。”对于股权，马云则直白地说：“那是骗人的。”

——如果没有被洗脑的话，剩下来的只有一种解释，打个不太恰当的比喻，那就是在玩 SM。

所以，对于阿里巴巴，你看到的不会是全部。

无论是2002年高调宣布公司要盈利1元，还是后来要达成的每天收入100万元到盈利100万元乃至交税100万元，这些数字给我的印象是，对于马云来说，他会先给自己定一个目标，而这个目标的宣传意义可能大于实质意义，从某种意义来说，形式大于内容。强调这些形式，强调种种不符合常理的做法，就是为了形成类似SM中M对S的信任关系，痛并快乐着。

马云提倡将问题简单化，而他在互联网诸多方向中选择了电子商务，也是来自浙江人最简单的商业逻辑：只要帮别人赚到了钱，你就能赚到钱。在马云身上，吃苦耐劳、抱团发展、义利与功用并存等浙商的特点都有不同程度的体现。有人说在号称“免费”这一点上，马云又不大像一个商人。对此马云的回答是：“我不是商人，我是企业家。”

我所理解的商人和企业家的区别，大概在于商人注重的是利益的最大化，而企业家除了考虑利益，还要考虑社会效益——在浙江这样的文化大省，连当商人都要以当有文化、有觉悟、懂“三个代表”的儒商为荣，“达则兼济天下，穷则独善其身”的思想，对商人也有着很深的影响。

即使如此，在这些儒商中，马云仍然是格局最大的一个。有关格局马云最喜欢说的段子是他20世纪在外经贸部、在“体系内”工作的经历：“在这之前，我只是杭州的小商人。为国家工作，我知道了国家未来的发展方向，学会了从宏观上思考问题，我不再是井底之蛙。”

但这是马云的自谦之词。马云可不是没什么格局的“小商人”，早在20世纪80年代读书的时候，马云就担任了杭州市学联主席，对于一个二流高校的学生来说，这是个奇迹。

如果我们再继续深挖下去就会发现，中华全国学生联合会是由团中央具体负责指导的中国高等学校学生会、研究生会和中等学校学生会的联合组织，是副部级单位。如果按体系内的算法数下来，杭州市的学联怎么说也有副处的级别，虽然学联的主席和级别不挂钩，但马云如果顺着这条路进入仕途，会不会成为一方大员呢？还真不好说。这样的道路更符合当时那个时代的价值评判，或许也更符合马云现在的格局。

马云最后没有在这条路上继续下去，我们不知道当时发生了什么。但我们看到的是，今天马云迂回地、从一个商人或者企业家的角度来“兼济天下”，或许是在用另一种方式来实现他当年的理想。

研究阿里巴巴，或许不能将马云仅仅当做一个口才很好的人或者一个充满激情的人，又或者当做中国最大的电子商务公司的老板，而是要了解马云脑子里在想什么，去了解是什么样的理想值得马云去做这一切。

有什么样的胸怀自然会吹什么样格局的“牛皮”，从创办阿里巴巴第一天起，马云就不断地吹着各种各样的“牛皮”。不过，也许是因为中国互联网第一浪中大家都口无遮拦、吹牛成性；也许是因为马云身在杭州，尽管“牛皮”吹得比天大也没人搭理他；也许是因为2001年互联网泡沫破灭后投资商给了马云足够的压力。总之，马云的“牛皮”虽然有被质疑（比如福布斯给予的阿里巴巴的那个荣誉曾经被《北京青年报》质疑），但总的来说也没有被吹破。

马云需要等到一次让自己的“牛皮”能得到实现的机会，他的运气还真不错，居然等到了，这个时间点就是2003年的“非典”。

我们关于马云的讲述，就从2003年的那次“非典”讲起，这应该是马云人生中最重要的牛皮时刻。

## 2003年的那次“非典”

2003年的那次“非典”，比人们预想的要更猛烈一些。

关于那次“非典”的记忆，一般人可能会是板蓝根、醋、口罩、隔离、白衣天使、小汤山，而对阿里巴巴来说，则可能是回家办公、倒立、卡拉OK、淘宝。

而且让人意想不到的是，经历过“非典”的阿里巴巴员工，有不少将那段被隔离在家办公的日子当做自己人生中一段难忘的经历，这一结果无疑是最体现马云能力的地方。

“非典”的到来对于阿里巴巴来讲是一个不怎么愉快的开头：2003年5月初，一位参加了广交会的女员工被确认为“非典”病例，在此之前，整个浙江省只有3例确诊病例。

这导致杭州实施了发生“非典”疫情以来最大规模的隔离措施——500多人被隔离。这一事件还上了《人民日报》，《人民日报》将其定性为“麻痹的代价”，“为什么要在这个时候派员工去广交会”的指责，给马云带来了巨大的社会压力。

马云派遣员工去重灾区，自然是有非去不可的理由。

前面我们提到，2002年阿里巴巴计划盈利1元——用膝盖都能想清楚，如果年终阿里巴巴的盈利停留在1元这个数字，这肯定是充分利用了会计准则计算出来的账面盈利。但不管如何，这一年阿里其实是不盈利的，只是做出来的盈利而已。中国人喜欢讲“事不过三”，公司成立3年了，现在终于盈利了，就算是做出来的，也是一件鼓舞人心的事情啊。

所有阿里员工都认为，去年(2002年)已经盈利了，今年(2003年)会更好。Jack(马云的英文名)不是和我们说了吗，2003年，每天收入要达到100万元！

可是，怎么赚这100万元？

阿里巴巴的企业使命是“让天下没有难做的生意”，简单地说，就是找到一个卖家并告诉他，你来我这里吧，我帮你找买家；然后找到一个买家，告诉他，你来我这里吧，我帮你找卖家。再用更简单的一个词来描述，我觉得大概叫做：空手套白狼。

若干年前当我还是一名光荣的外贸工作者、马云还没有创立阿里巴巴时，我看重的是环球资源和香港贸发局。后来阿里巴巴找上门来，我一直没有加以太多关注，直到离开那家公司做交接的时候，本着对公司的感情和不把所有鸡蛋放在同一个篮子里的想法，我向我的直属上司大概推荐了一下阿里巴巴。据说后来也做了一档最低的会员，但在之后2004年的第一届阿里巴巴十大网商评选中，我这位只买了最低一档会员的上司居然名列其中。当然那个时候的十大网商和现在没法比，但阿里巴巴所面临的艰苦环境可见一斑。之所以在“非典”时期那么拼命，是因为阿里巴巴在马云轻松和充满豪气的话语下，实际上却是面临着巨大的压力。

在这样的艰苦环境中，阿里巴巴想要空手套白狼的关键在于信任感的建立：要吸引买家和卖家，就必须要让买家和卖家都相信，这里确实有他们要的东西。

当然，最重要的还是要相信自己的一往无前的勇气，以及……一点点的技巧。

有一个段子，说的是最早阿里巴巴的业务员是怎么去拉外贸客户的。首先是业务员先到外贸客户去了解需求，然后过几天，就会有操着英语的人给这家客户打电话询问，之后每一天就会有人操着另一个国家的语言来询问客户。轮番轰炸下来，总是会有客户认定阿里巴巴是个有价值的外贸平台，于是，总有人来买单。

这种销售方式其实是需要吃两头的：一方面，得有足够多的内地商家上阿里巴巴的平台上去找；另一方面，需要有足够多的海外商家来到阿里巴巴的平台上下单。如果说，关明生带领的销售团队一遍一遍、连拉带骗地把那些有外贸需求的中小企业拉上阿里巴巴平台，那么，阿里巴巴还需要做的是让海外的商家愿意来阿里巴巴上下单。只有这样，才能完成每天收入100万元的既定目标。

为了解从2002年赚1元钱到2003年每天收入100万元的难度，我专门查看了阿里巴巴在2007年上市时发布的招股说明书，遗憾的是当中没有相关的数字。基于马云一向喜欢口出狂言的三级跳风格，我们暂时假定，这样做有相当的难度，因为没有难度的东西，马云不屑于说。

为达成每天100万元的宏伟目标，马云在美国CNBC电视上投放大量广告。他认为伊拉克战争肯定会打起来，届时在报道间隙播放的阿里巴巴广告，将会把目光投向中国的西方商人拉到阿里巴巴这个工具平台上来(这相当于告诉比尔·盖茨，给你找的女婿是世界银行的副行长)。

当然使用着阿里巴巴服务的中国供应商们对此可能一无所知，在马云创业的早期，有不少报道就说马云不懂广告也不做广告，以突出马云异于常人的地方。但从这里我们可以知道，马云并不是不做广告，他只是不在内地的媒体上做广告，而是小心翼翼地用中国供应商的钱来为自己做阿里巴巴的广告，而且还要注意不要让他们知道。

从事后的效果来看，马云和阿里巴巴不但达到了预期的效果，而且很有可能是超出的。因为正好在阿里巴巴投放广告的时候，中国国内出现了“非典”疫情，这使得无数的中小企业和他们的国外客户被迫地采用了互联网工具，进而他们会很快发现：“哦，原来我们还可以这样做生意。”

当发现在伊拉克战争实时报道的间隙插播的阿里巴巴广告在“非典”的影响下起到了“1＋1＞2”的效果时，马云当机立断追加投资。从2003年4月2日起，在中央电视台第一、第二套节目黄金时间滚动播放阿里巴巴网站的广告，宣传在阿里巴巴从事电子商务不受“非典”羁绊的特色。

马云不是一个喜欢保留的人。当他决定在CNBC(据说相当于中国的中央二台)上播放那些一秒钟不知道多少钱的广告的时候，为了达到最大效果，马云多半是动用了他所能够动用的大部分火力。可以想象，当像“非典”这样的意外事件发生的时候，马云还能在CCTV上做密集轰炸，毫无疑问是将口袋里留来翻本的钱也拿了出来，不成功便成仁了。

马云能这么做，自然也是看准了自己成功的可能远远大于成仁的可能。天时地利人和都在向他倾斜，政府也加大了对电子商务的推广和宣传力度，媒体上关于电子商务的介绍也多了起来。之前，大家都把阿里巴巴的业务员当骗子，现在则不一样了……

在“非典”肆虐的2003年一季度，阿里巴巴的注册用户增长了50%、点击量增长了30%。在“非典”之后，阿里巴巴的业务人员出去跑企业，基本上不用再向客户介绍阿里巴巴是什么、为什么和怎么做了。这就意味着对方开始信任阿里巴巴了。

有了整个这种信任的前提，阿里巴巴的业务开始进入爆发期——后来阿里巴巴B2B业务的CEO卫哲就做过总结：“没有遇到‘非典’，可能阿里巴巴就没了，‘非典’给阿里巴巴作了最大的推广，当时是每个人都被迫必须要用互联网的。”

如果没有那场“非典”，阿里巴巴是会多走几年弯路还是直接完蛋的技术问题太过复杂，我们在这里不予讨论，但阿里巴巴从“非典”中收益是毫无疑问的。在此之前，阿里巴巴是手持从风险投资手中的现金去寻求盈利，到这个时候阿里巴巴烧光了VC的最后一分钱，终于赢来了曙光。

有机遇必然有挑战，2003年的“非典”在给阿里巴巴带来腾飞机会的同时，马云面临的主要挑战是，如何转移因为员工患病带来的社会压力，避免因此带来对士气的影响；同时保证公司运行的效率，使得阿里巴巴能够跟上业务增长的步伐。最终马云使出浑身解数将“非典”变成了一个高度凝聚人心的时刻，当时已经有几百人的阿里巴巴从一家小型公司重新又回到了马云团队的创业时代。

“非典”不仅从业务上成就了阿里巴巴，更从精神上升华了阿里巴巴。

马云的第一个“大牛皮”就这样被吹成了。

# 私生子淘宝

阿里巴巴在“非典”期间的收获还有淘宝。对于淘宝的创立，阿里巴巴内部为马云准备的“牛皮”说辞是：在淘宝开办的一年前，马云在美国发现他的一位白领女性朋友身上穿戴的几乎都是从网上买来的，而且这样的人并不是特例。从那时开始，一直对从消费者到消费者之间的交易持怀疑态度的马云开始动起脑子，并在易趣欣欣向荣的时候开始介入这个领域。

不过，更多的指向则是淘宝从一开始并非是马云深谋远虑的结果，相反，是一种被动行为。

这种被动来自两方面：一方面，阿里巴巴的B2B业务虽然活了下来，但无法支撑起马云内心想吹的“大牛皮”，因此，马云得寻找一个能让他继续把“牛皮”吹大的领域去折腾。另一方面，这个时候的马云虽然口才依旧一流，英语也倍棒，但在VC面前，这时候的马云算不得什么大人物，他必须听命于人。

这个人就是孙正义。

2004年2月，阿里巴巴集团宣布获得中国互联网业迄今为止最大一笔8200万美元的投资。投资者包括软银、富达投资、Granite Global Ventures和TDF风险投资有限公司等4家公司，其中软银投资6000万美元。

有好事者翻阅过软银2003年到2005年的年报，软银在这次投资后在阿里巴巴的股份变化不大，年报中按权益法计算的对阿里巴巴的投资也与6000万美元的数字相差甚远。这都说明，得到软银2004年2月巨额投资的主体其实并非阿里巴巴，而是淘宝。

就在马云宣布以上消息的第四天，eBay宣布以1.5亿美元合并易趣。合并后的eBay易趣占有中国C2C电子商务90%的市场。

不要和我说，这只是个巧合而已，这就是一种针锋相对，一种心理战。

阿里巴巴的公关为他们的“圣主”马云还编过一套“吹牛”的说辞，那就是马云发现 eBay 在本质上跟阿里巴巴很相像，不过 eBay 做 C2C，阿里巴巴做 B2B。马云判断要不然 eBay 切入企业领域，要不然阿里巴巴杀入个人领域，于是决定创建淘宝网。

这个说法很具有奥德修斯与独眼巨人搏斗的悲壮和传奇色彩，但我觉得不足以为信。如之前所说，马云做 C2C 招惹 eBay，最初的主意并非来自他自己。

如果不是马云的主意，那会是谁的主意？

这个人就是孙正义。

孙正义，出生在日本的韩国后裔，在美国著名的伯克利大学受过高等教育，是全球互联网产业崛起最重要的吹鼓手。他曾因早期投资雅虎等多家第一代互联网公司在 2001 年当过两天的全球首富，不过，两天后，2001 年那一浪互联网由盛而衰，孙正义的人生进入下降通道，最惨的时候，他的财富缩水为鼎盛时期的 2%。

这样一个互联网的超级信徒，并从互联网的起落中真正发达过的人，内心其实只有一个愿景：那就是意图独霸全球互联网。

不过，当孙正义和整个全球互联网从 2001 年走出低谷、逐步爬升的时候，孙正义和他的盟友们却遇到一个巨大的对手，这就是 eBay。

2002 年前后的 eBay 是全球互联网的王者之一，市值曾经达到可怕的 700 亿美元，仅次于雅虎，并且作为电子商务的旗手公司，eBay 俨然有后来居上之势。

阻击 eBay，成为孙正义和他的盟友们必须面对的事情，特别是在美国之外的互联网市场。这是因为雅虎虽然在美国本土市场上强压 eBay，但从商业模式来说，比起 eBay 的交易模式，雅虎的门户模式并不利于全球扩张。

2002 年，软银和日本雅虎联手将 eBay 挤出了日本市场——说联手可能不十分准确，因为软银是雅虎的天使投资人，对雅虎有着相当的话语权。因此，你也可以把这次联合行动当做孙正义主导的对 eBay 开战的结果。

直到 eBay 被赶出日本后，孙正义决定在中国这个和日本一样的战略高地对 eBay 进行阻击。

早在 2000 年，孙正义的软银就给马云投过 2000 万美元，而且由于阿里巴巴很快把钱烧光，在早期多次对赌失败后，软银等投资商在阿里巴巴的比重越来越大。不过，这个时候的阿里巴巴，只是孙正义在中国内地的诸多投资之一而已。

在推出淘宝后，阿里巴巴得到了来自软银等 4 家公司的 8200 万美元的投资，而且这笔投资中大部分是专款专用给淘宝的。如果说这不是针对 eBay，恐怕只能用苹果砸到了牛顿头上的巧合来解释。

如果淘宝成立的背后真的有孙正义的影子，那么最初的真相可能是这样：

eBay 仍然是孙正义系称霸互联网领域中令人生畏的对手，在美国本土市场基本上不要想打 eBay 的主意。而在美国之外的市场，则可以做一些布局，哪怕这些布局最后做了牺牲，也可以阻击 eBay 前进的脚步。

先是孙正义动手将 eBay 赶出了日本市场，这当中还有天时地利人和的因素。

在这样的环境下，投资过的、从事 B2B 领域的马云就成了孙正义在中国布局阻击 eBay 的最佳人选。这个时候，还有一个对马云提高被认可度的事实是，在关明生的帮助下，阿里巴巴的业务开始好转。尽管 2000—2002 年的阿里巴巴是一家外贸代理公司，而不是一家互联网公司，但这并不重要，重要的是，阿里巴巴的财务状况开始好转。

于是，孙正义希望马云的阿里巴巴能从 B2B 转型到 C2C 领域，帮助整个孙正义集团在中国市场上阻击 eBay。

但对于一直想独立发展的马云来说，这是不能接受的。但马云向来是个聪明人，他也明白 C2C 远比自己“胡诌”出来的 B2B 有前途，但要他放弃现有逐步成型的业务，转过去做 C2C，于情不忍，于理不合。

马云想出一个方案，那就是马云出人，孙正义出钱（对淘宝进行专项投资），在阿里巴巴之外，成立淘宝这样一个 C2C 项目。

相当于，马云和软银先一起生了个叫阿里巴巴的娃，后来这个娃软银不想要了，但又需要马云和他的团队，于是，软银又和马云重新成立一个家庭，孕育一个叫淘宝的娃。

是不是很乱，很纠结？

由于没有直接证据和当事人的确认，以上结论，如有雷同，纯属巧合。

后来马云自己吹牛皮说，他到美国见投资者说阿里巴巴要做新网站的时候，美国投资者很激动；但是当马云讲了准备做 C2C 网站的时候，投资者都吓坏了：“这肯定是做不下去的，跟 eBay 竞争肯定是找死。”这是马云的系列“牛皮”之一。这个事情在这个时候，马云还是相对被动的。

需要补充讨论的一个问题是，这个事情既然是孙正义主导的，而并非马云所主导，马云是可以选择不从的，那为什么要从呢？

很简单，如果马云不从，孙正义肯定还会投资其他人来做类似淘宝这样的公司并在中国本土市场上和 eBay 干仗。这家公司成则成为孙正义的新宠，只做 B2B 业务的阿里巴巴势必会被边缘化；即便这家公司没能在中国市场上完成对 eBay 的阻击任务，只要能活着，由于商业模式上优于阿里巴巴，同样，马云会被边缘化。

前文的阐述多次指出马云喜欢“吹牛”这个问题，一个喜欢“吹牛”的商人其本质上是不想被边缘化的，因此，马云其实没有选择。

马云唯一的选择是，接下淘宝这个活，而且必须做成。

这里面还有一个逻辑：

对于孙正义和软银来说，淘宝只是其投资的许多项目中的一个，能阻击到 eBay 在中国的扩张最好，不能成功也罢，反正他是做风险投资的，一开始就有不怕失败的觉悟。

而对于马云来说，淘宝如果不好好干让竞争对手弄死，那就像冷笑话里说的，哪怕你再牛 B，一旦死了就有人住你的房、花你的钱、睡你的老婆，还打你的娃……

这样的事，马云这样的精明人当然不干。

马云的目标是：住别人的房，花别人的钱，养自己的娃……

前提是得把淘宝做成。

虽然所处的位置不同，在怎么花钱、怎么养娃方面也可能有分歧。但无论是孙正义还是马云，都有着一个共同的目标，那就是在中国这个市场上打败 eBay。在 eBay 面前，一切人民内部矛盾都是浮云。

我们来自五湖四海，为了一个共同的目标——打败 eBay，走到了一起。

马云是个鼓动能力极强的人，但却不是一个执行能力强的人，阿里巴巴的 B2B 业务先有关明生后有卫哲，他们都是帮马云补漏的人。

那么，马云首先得给淘宝选一个帅才，这个人就是孙彤宇。

马云喜欢讲十八罗汉每人 500 元工资也愿意追随的故事，孙彤宇正是十八罗汉之一。

选择孙彤宇带领淘宝团队是淘宝成败的生死手之一。也正是因为把打败 eBay 这个不可能完成的任务最后却神奇般地完成，孙彤宇在阿里系声望日隆。最后，孙彤宇和马云之间上演类似“年羹尧 VS 雍正爷”的故事，也是在所难免的。

孙彤宇的淘宝故事如果用最简单的语句来描述：财大气粗的 eBay 打算速战速决消灭淘宝，不仅在各大门户上打广告和封杀淘宝，而且还将自己的广告打到了淘宝对面大楼上；面对 eBay 的咄咄逼人，淘宝忍辱负重打起了游击战，并凭借免费的利器和 eBay 隔着太平洋遥控的迟缓反应，最终将 eBay 拉下了马。

对于这段怎么反败为胜的故事，林军在他的《沸腾十五年》一书中有过详细的描写。其中最有趣的一段是，马云为了在公关战上占得上风，甚至带一些记者出入风化场所。

不过，对于淘宝能赢 eBay 易趣，一种声音则认为，纵容 A 货和水货横行是个中关键。

对此，当当网 CEO 李国庆甚至在公开场合上给予炮轰。

这也是 2009 年年底淘宝商城的由来，淘宝分拆出淘宝商城，正品在淘宝商城上卖，淘宝上继续鱼龙混杂。

淘宝的故事暂时告一段落，我们还是回到马云和孙正义之间的博弈上。

当外敌已经不足为患，马云下一阶段的首要任务，就轮到处理与软银之间可能的分歧了。对马云来说，如果这一历史遗留问题不能顺利解决，那么阿里巴巴的未来就像被戴了一副镣铐，无法肆意起舞。

是时候了。

## Matrix Ⅱ：Reload

媒体之所以对马云感兴趣，是因为马云是一个容易出新闻的人。他的性格、他说的话、他这个人本身，处处充满了争议。在马云的指挥下，阿里巴巴的发展就如同一部大片，时时刻刻充满激情而又跌宕起伏，精彩万分。

如果让我用一部大片的名字给这一节命名，我想最合适的名字应该是“Matrix Ⅱ：Reload”（黑客帝国Ⅱ：重装上阵）。

Matrix，矩阵。在这里我们可以将其理解为马云对巩固自己的电子商务地位所做的环环相扣的布局。如果说阿里巴巴发展的第一阶段，马云是在全力围绕B2B一个点来开展业务，那么在成功打败eBay后，马云开始进行业务单元的战略布局。到今天再看马云的这些相互呼应的布局，足以让任何一个对手望而生畏，不敢轻易进入电子商务的地盘。

Reload，影片中翻译成“重装上阵”。这是一个容易引起歧义的翻译，在中文中，“重”字是多音字。如果将其念成“轻重”的“重”，那就与“轻装上阵”相对应；如果念成“重庆”的“重”，那代表“又一次”的意思，意味着马云在将eBay拉下马后，又一次瞄准了新的目标。

但无论哪种读法，都符合马云2005年的心情。

一切从马云和孙正义的携手说起。

根据马云和孙正义达成的投资协议，阿里巴巴集团拥有淘宝60%股份，软银拥有淘宝40%股份。也就是说，阿里集团这个亲爹只是60%的亲爹，按照之前的约定，淘宝长大后，是要过继给女方软银家的。

如果将淘宝这个儿子过继给软银娘家吧，马云断然很是不舍；不过继吧，在阿里巴巴集团里，软银娘家的势力一直很大，本身有着更多的话语权。而且，如果处理不好，那还有一种可能，就是软银出面和eBay联姻，把淘宝过继给eBay。

据说在软银和eBay暗通款曲的那段时间，马云几乎彻夜失眠。还好这两种情况都没有发生，而是走向了另一个对马云和阿里巴巴有利的结局。

2005年中国互联网最大的一次并购，是2005年下半年，雅虎中国与阿里巴巴的合并。对于这次合并从一开始就有不同说法，《福布斯》称雅虎收购了阿里巴巴40%的股份并拥有35%的投票权；国内亲马云的媒体的表达却是阿里巴巴收购雅虎中国进军搜索。同一事件，却仿佛是两个故事。

事实最后告诉我们，这个时候的马云还是一如既往喜欢“吹牛”。2005

年 8 月 16 日，雅虎向美国证监会提交的临时重大事项披露文件才让我们了解到事件的全貌。文件主要包括引言和 4 个主要文件，包括股权收购和换股协议（SPCA）、淘宝股权收购协议（TBSPA）、二级股票收购协议（SSPA）和股东协议（SA）。

这几个文件大致内容如下：

1. 雅虎支付 3.6 亿美元，向软银以每股 80 美元的价格购入其持有的 450 万股面值 0.01 美元的淘宝股票（软银发大了）。

2. 雅虎付出 5.7 亿美元，软银付出 1.8 亿美元，以每股 6.4974 美元的价格买入一批阿里巴巴的股票，使阿里巴巴的部分风险投资商和阿里巴巴管理层套现。

3. 雅虎以 0.7 亿美元现金 ＋ 从软银买下的淘宝股权 ＋ 雅虎中国全部业务，换取一批阿里巴巴股票，交易完成后总共拥有阿里巴巴的 40％股权。

4. 阿里巴巴董事会将由四名成员组成：一名由雅虎任命，一名由软银任命，另外两名由阿里巴巴管理团队任命。

在这三方交易中：

雅虎付出 10 亿美元现金、雅虎中国业务，得到阿里巴巴 40％的股权。

软银付出淘宝 40％股权，获得 1.8 亿美元的现金和 1.8 亿美元的阿里巴巴股票。

阿里巴巴付出 40％阿里巴巴的股权出让，获得淘宝 40％股权、雅虎中国全部业务和 7000 万美元现金。

有些绕吧，还是打个比方吧。有三个异姓兄弟，老大叫孙正义，二哥叫杨致远，老三叫马云。

老大帮老二找了个叫雅虎的媳妇，最终出落成全球互联网的头牌，之后在各个国家生了很多子女。而日本雅虎则是老大和老二的亲上加亲，也最为争气。不过，中国雅虎这个小儿子一直没找到合适的对象，也一直没发达起来。

老大开始帮老三找了个叫阿里巴巴的媳妇，孕育了阿里巴巴 B2B 业务这个儿子，但一直没有做大。于是，老大出钱，老三处理，一起抚养一个叫淘宝的小伙子，帮着老大老二打架来着。这个小伙子和老三兄弟孙彤宇有一些关联，算是老三家的子侄。

老大本来是想让淘宝做自家女婿的，但老三有些不愿意，想让淘宝回归继承自己的家业。老大也不好驳了老三的面子，但不能这么白送，于是想让老三把之前自己出的银子给还了。

但老三没钱，他一直缺钱来着，最开始和老大结拜，也是因为老大有钱来着。于是，双方僵持住了。

这个时候，老二因小儿子的事情来找老大，希望老大帮着找个地头蛇来照顾自己的小儿子。老大向老二推荐了老三这个地头蛇。老二和老三一见，觉着可行，于是商议一起来搞这个事情。

于是：

老二先出 3.6 亿美元给老大，买下老大在淘宝这个儿子前期投入所形成的权益。

老二把雅虎中国这个儿子过继给老三，同时把原定的 7000 万美元的投入也一并打包给老三。

老二再出 5.7 亿美元，和他手里淘宝 40%的权益，买老三 40%的资产。这个资产，其实是老大之前带领的财团持有的股份。老大赚翻了。

老三虽然收回了淘宝这个儿子，但他自己的兄弟们没有得到直接的好处。按照惯例，这样的大手笔运作后两年内上市的概率很小，他很担心最开始的兄弟们熬不住。于是，老三又去找老大，老大回吐了 1.8 亿美元给老三，买老三和老三兄弟们手里的股份。

这当中老大和老三是最满意的，他们拿到的是真金白银，算起来老二略略吃了点亏。按之前的协议折算下来，可以推算出在这个并购中淘宝价值9亿美元(3.6亿美元换淘宝40%股权)，而雅虎中国仅仅作价7亿美元。按说这是不可能的事，2005年的淘宝怎么可能比雅虎值钱呢？但当时老二最有钱，不吃老二的大户吃谁，再加上老二急着让老三接手雅虎中国的生意，也算是愿打愿挨，各得其所。

直到此时，淘宝才真正回到了家，马云一直悬着的心也终于放下。有了钱、没有了思想包袱，马云终于可以放开手脚，轻装上阵或者重装上阵了。

忘了说了，这时候的淘宝不再是老幺了，现在这个称号暂时属于比淘宝晚半年诞生的支付宝。马云发话了，老二家要供它读完大学再工作，而老三要念研究生，而且是念最热门的金融专业，以后帮家里管钱。关于支付宝的故事容后再说。

那么，且看马云如何重装上阵。

马云给雅虎的定位是，“雅虎就是搜索，搜索就是雅虎”。随着并购的完成，一向以门户网站自居的雅虎中国首页变成一个纯粹的搜索框。伴随着的，是马云提出的“减肥”。

短信？砍掉！一拍？重组！一搜？换个名字！3721？不再签新单！总代理？那是什么东西？

剩下的只有搜索，马云最希望得到的东西。

事实也是如此，马云在接管雅虎中国后的第一次改版就是将雅虎中国改成类似Google的模样，并狂推搜索之星的业务，力图在搜索上发力。

马云为什么这么看重搜索？

先看看马云是怎么为自己需要搜索业务而“忽悠”大家的。

按马云提出的“五位一体”的完整电子商务链，在交易环节要有阿里巴巴和淘宝两大网站；为让交易双方放心，在诚信系统上，阿里巴巴推出了“诚信通”；为解决电子商务的支付问题又推出了“支付宝”；在在线沟通上有“贸易通”和“淘宝旺旺”；唯一缺位的搜索现在也由雅虎填补了，并由此抢占了电子商务下一步发展的制高点。

是这样吗？

让我们来看一下阿里巴巴的B2B业务。其商业模式是先每年收内地中小企业的会员费，然后帮这些企业在海外市场做投放。

显然，“非典”之后电视广告是不需要投放的，又贵又没效果，需要的是在互联网端做关键词的广告。而要做关键词的广告，搜索引擎是绕不过去的。当阿里巴巴的B2B业务的大部分广告预算都投向搜索引擎的关键词广告时，可以想见马云心头是多么的慌：做了半天，都是给搜索引擎在打工。

这个时候的全球第一搜索引擎，虽然已经从雅虎手中滑落到Google手中，但瘦死的骆驼比马大。如果雅虎的搜索业务能在马云的手里发扬光大，那么，马云一能为雅虎中国寻找一个好的定位，二是能让阿里巴巴的整体业务的“大牛皮”吹好。

必须再一次膜拜我们的马教主，实在是太牛B了，这个“牛皮”越吹越大，而且几乎就要吹成了。

但马云忽视了一点，那就是雅虎虽然把雅虎中国送给了阿里巴巴，但他们本身是希望雅虎中国能在中国按照他们在美国本土的思路贯彻实施的。

回到之前的比喻，雅虎虽然把雅虎中国过继给马云，但依旧还关心着雅虎中国是不是能继续自己的光荣传统。此外，雅虎其实是阿里巴巴的大股东，在董事会里话语权蛮大的，即便不能对阿里巴巴的其他业务指手画脚，但要捍卫雅虎本身的业务，还是有办法的。

于是，在马云将雅虎改版成类似Google模样后不久，马云就被杨致远召唤到美国。回国后两天，雅虎中国就恢复了原来的门户模样。

2006年9月，在接手雅虎中国一年后，马云当着杨致远的面坦陈自己对雅虎中国发展方向的迷茫。“如果说自己已经完全想清楚，那是在说谎。”

这是马云在媒体上难得的软话。而在我看来，这是马云对雅虎的第一次试探未果后，为自己之前夸下的一年时间就让雅虎中国翻身的“大牛皮”一次圆谎式的公关表达。

之后的雅虎中国，基本上是平均两年时间不到换一个头，最后居然让阿里巴巴负责公关业务的王帅来兼任，雅虎中国最终也沦落到不出事的维稳地步。

雅虎中国不作为，让阿里巴巴的大股东雅虎有些坐不住了，马云精心构建的电子商务帝国在股东层面又一次遇到危机。

马云需要再一次重装上阵。这一次，马云给出的答案是上市。

## 上 市

上市这个事情说难也难，说简单也简单。有不错的业绩，有资本市场追捧的概念，有令人信服的管理团队，最好还有个炫目的 CEO 和还能折腾的 CFO，就一切齐活了。

对阿里巴巴来说，由于有雅虎做股东，有软银孙正义在后面支撑，又匹马当先占了电子商务这个山头，还有在内地市场阻击全球电子商务巨头 eBay 的故事在前，CFO 蔡崇信也系出名门。一切的一切，好像是万事俱备，只欠东风了。

这个东风就是缺一个能上资本台面的 CEO。

有看官可能要问，马云不是这个 CEO 最好的人选吗？此一时，彼一时，今天的马云已经是中国知名度最高的商人，也是网民搜索量最大的商人，但在 5 年前，虽然马云不断在央视上露脸，不断出现在各个杂志的封面和报纸的头版，甚至有关他个人成长和公司管理的图书出了一本又一本，但是在 2006 年，至少对资本市场来说，他是一个生面孔。更重要的是，此时阿里集团的重心已经由 B2B 业务向淘宝、支付宝转移，马云唯恐自己将来说不清楚与 B2B 业务的关系，哪会自己去当这个 CEO。

这个时候，卫哲出现了。

卫哲，1970 年生，他有着一连串的职业经理人的光荣履历，在加入阿里巴巴之前他的头衔是百安居中国区总经理。对于他有个专门的词汇，叫金领。

这样的一个背景，无疑是阿里巴巴上市所需要的，更重要的是，这个人之前马云也认识。从后续的报道来看，卫哲和马云之间在之前也是相互认可的。也就是说，卫哲的进入是让各方都能接受的。

就这样卫哲接过了马云在 B2B 业务的棒，甚至获得了高于马云的股份。对于马云这种大秤分金照顾兄弟们的利益的举动，自然是得到了所有人的赞同。不过，虽然在已经上市的 B2B 中马云没什么股份，但是根据与雅虎的协议，马云在上市公司的黄金一股在关键时刻能抵挡千军万马。而且这当中被媒体选择性忽略的是，至于马云拥有多少阿里集团或者多少淘宝、支付宝的股票，对不起，这一块还没上市，我们没有义务回答你的问题。

根据公开的报道，卫哲是 2006 年 11 月加入阿里巴巴的，出任阿里巴巴集团的高级副总裁和 B2B 业务的 CEO。一年后，阿里巴巴的 B2B 业务上市。

在阿里巴巴的上市问题上，我们不得不再一次叹服马云的运气。在股市的结构性泡沫最大、人们尚未意识到即将到来的金融海啸威力的 2007 年 11 月 6 日，阿里巴巴在香港挂牌上市，按收盘价计算市值 1996 亿港元，一跃成为中国互联网业首家市值超过 200 亿美元的公司。

而且，马云只是将当时当红但其实已经走下坡路的 B2B 业务装进代码为 1688. hk 的上市公司里，并没有把淘宝等正处于上升期、真正构建出马云们创建的产业集群的核心业务装进去。但是在投资银行的包装和马云的运作下，阿里巴巴的股票被推到高位，然后随着金融海啸的到来一路下行，但彼时马云们已经早早脱手。

对于上市当天杀进市场的中小投资者们，几乎因为阿里巴巴的高开低走而尽数套牢。这让马云在很长时间内不断地与香港资本市场进行博弈，对于马云不断放出募集资金投入淘宝的风声，让香港资本市场上的大小投资者对马云是敢怒不敢言。抛吧，实在亏得太多；不抛吧，马云丝毫没有救阿里巴巴上市业务的迹象。没办法，只好继续陪着马云玩，干巴巴地等着马云哪天把淘宝、支付宝等业务装进香港的上市公司里。

列位看官可能会问，难道阿里巴巴 B2B 业务不够支撑其股价吗？还需要把阿里巴巴的其他业务装进来才值这个价钱吗？

我们来算笔账吧：

即便今日阿里巴巴的股价只有最高的 40 港元（这也是首日的收盘价）的一半不到，但阿里巴巴光 B2B 业务的估值已经超过 100 亿美元。如果 B2B 业务值 100 亿美元，那么，淘宝（含淘宝商城）怎么着也值 300 亿美元，支付宝的价值只会在淘宝＋阿里巴巴的总和之上，而不在之下。这样算来，整个阿里巴巴集团的市值至少值 800 亿美元，等于今天腾讯加百度加携程加三大门户，合理吗？

不合理。

那么，马云有没有打算把淘宝等优质资产装进阿里巴巴上市公司的盘子里呢？到现在我们没有看到与之相关的动作。我们看到马云的相关动作是从淘宝里拆出淘宝商城，摆明要拿淘宝商城上市。

为什么不直接拿淘宝上市呢？理由很简单，淘宝上假货和水货太多了，无法得到认可。而淘宝商城都是正品，既能借助淘宝的流量和品牌优势，又能重新上路。

不过，进一步的消息是马云在 2011 年春节前给内部员工的邮件中声称，无限期推迟自己下属子公司的上市计划。

此举其实还是存在与雅虎的博弈。今天的雅虎已经虎落平阳，当年的全球第一大互联网公司一落千丈，其手里最值钱的是日本雅虎和阿里巴巴的股份。难怪著名的投资人段永平先生撰写文章称现在是可以买进雅虎的时候，无他，这两笔投资所能赢得的回报都超过其母公司本身。

而马云宣布无限期推迟下属子公司的上市计划，无疑让雅虎很是被动。

2011年新春开始，驱逐卫哲一战，虽然被马云和他的公关团队演绎成捍卫价值观的公关秀，但谁都明白，这更多是马云与雅虎之间的又一次拉锯。

更夸张的传言是，在全球资本市场上都有号召力的马云甚至在联系诸多私募，力图反向收购雅虎，从而一了百了。

这是一个复杂的故事，从目前的情况看，急需输血的雅虎的算盘应该是等着阿里巴巴集团整体上市，好将40％的股份变现或者夺下阿里集团的大权；马云的算盘则是偏不上市，看看能不能等到雅虎流血而亡。

马云和雅虎的博弈一时半会还没有结果，如此闹下去，怎么收场可能还不清楚。不过或许有看官要问，马云和阿里巴巴在中国互联网江湖中就没有对手了吗？他就不怕在与雅虎的博弈中让对手抄了后路吗？

这个可以有？

很遗憾，这个，真没有。

## 看不见的对手

马云有一句狂言："我打着望远镜也找不到对手。"

这话虽然狂了一些，但细想还真是这么一回事情。

百度的"有啊"对阿里巴巴来说不是一个挑战。"有啊"的产生最早是因为狙击阿里巴巴上市李彦宏说的一句话，后来李彦宏说了这句话后自己就给丢到一边了。直到俞军拿着做好的方案上董事会讨论，李彦宏才想起这件事：啊，我们真要做电子商务吗？

据说董事会上所有人都反对做电子商务，最后是李彦宏拍板：既然俞军要做，那就做吧。但“有啊”的第一任总经理是李明远而非俞军，这是因为那时的俞军已经准备离开百度。李彦宏由此断定“有啊”无法成功，“有啊”也无法得到李彦宏的重视，要钱没钱，要人没人。在俞军离开百度一年多后，网上爆出俞军即将加盟阿里巴巴或者淘宝的消息，而此时的“有啊”的排名一度掉到10万以下，甚至不如许多个人网站。

在电子商务领域，强者恒强、弱者恒弱的马太效应，依然存在。

这就是百度为什么会在阿里上市之时进行狙击的原因。当未来的潜在对手还不是很强大的时候，拖缓对方的步伐就是为自己未来的发展赢得机会。而当对手已经壮大，在你面前从容列阵，而且你的COO和副总裁都被对方收于帐下的时候，再想说挑战对手，恐怕都没人会相信。

另一家巨头腾讯的拍拍倒是稍微好一些。凭借海量用户和财付通等支撑体系，腾讯占有10%左右的市场份额，但与马云在电子商务布下的八百里连营相比，差距太大。

让我们来看看阿里巴巴所囊括的整个电子商务的产业链的产品布局：

信息流：雅虎中国＋搜狗阿里联姻＋淘宝联盟＋淘网址＋一淘（商品搜索）；

现金流：支付宝＋小额贷款公司＋阿里银行（筹）；

物流：注资星辰急便＋收购百世物流＋推出物流宝；

支撑体系：阿里软件＋阿里巴巴云计算公司＋口碑网；

基本业务：阿里巴巴＋1688＋淘宝＋淘宝商城＋淘宝社区；

其他业务：淘花网（华数传媒和淘宝网合资成立的专注于电视平台电子商务和数字商品交易的高科技企业，拥有淘花网和电视淘宝商城两大平台）；

淘宝和湖南卫视：嗨淘（快乐淘宝）；阿里会展：网货交易会、网上大会、网侠大会、APEC（中小企业峰会）＋西湖论剑＋阿里十年。

对这些让人看了头皮发麻的布局，我只有一个想法：还好我没有入了电子商务的行，做电子商务但又不是和马云一起奋斗的同学们，我向你们致敬。

理论上说，阿里巴巴仍然存在短板，那就是创始人不懂技术，而从公司文化来看，阿里也不是一家技术导向的公司。据说，阿里在讨论做移动互联网时，虽然这是一个阿里高管们都不大懂的东西，但仍然很快选定了某高管做负责人，理由是：在之前开会的时候经常看到该高管手上拿着手机在转着玩。

这可是典型的躺着也中枪，但从马云不按常理开枪的逻辑看，这种结果也算情理之中。

从阿里巴巴出来的兄弟也向我提到过，阿里内部上新项目时，往往会几个团队一起上，看看哪个团队能最先出成果，有了局部成果后就是赢者通吃，领先的团队吞并所有团队和资源。

这有点乱拳打死老师傅的味道。所以那些技术流的老师傅，在理论上虽然还有在电子商务领域超越阿里的可能，但考虑到阿里庞大的体系和被乱拳打死的可能，使得老师傅们不敢轻举妄动。

阿里巴巴仍然是一家专注于电子商务领域的公司。但随着这一系列布局的完成，阿里巴巴已经由一家帮助中国企业做外贸的网上黄页公司转变为构建起了强大生态系统的电子商务平台。今天的阿里巴巴，搭建起了中国最大的综合电子商务平台，为用户提供类似水、电、燃气一样的基础服务。你可能感觉不到它，但一旦它出了什么问题你就会想起它的好，这才是最可怕的。

如果单单从技术层面上研究阿里巴巴的布局，可以用一句话来形容：阿里巴巴构建的是类似微软式的生态系统，控制产业链和享受协同效应，达到整体利益最大化。所以，阿里在未来所做的一切都与构建这个生态系统有关，对于与生态系统无关的，阿里不会做。

马云的“本家”马克·吐温有一句名言：白痴总喜欢把你拖到跟他们相同的档次，继而用经验击败你。马云是反其道而行之，他知道自己在相同档次上存在技术和经验上的不足，所以他更强调档次和布局，把自己抬到一个更高的档次上。以己之长，攻敌之短，这就是为什么马云很少主动进攻、别人也不敢惹马云的原因。

腾讯、百度可以舒一口气了，虽然在阿里巴巴的布局中也有IM和搜索，但这些都是围绕着电子商务来进行的。按照马云坚持一个中心的原则，百度和腾讯的地盘，阿里巴巴绝不会主动进入。甚至就算在未来，腾讯和百度欲在电子商务领域中抢下更多份额，马云也不会有什么针锋相对的还击手段。他更乐意扮演自己钟爱的风清扬的角色，读者们不妨想想在《笑傲江湖》中，看看华山派最危急的时候，风清扬是如何看花开花落，不动如山。因为，马云的志向不在于此，他已经跳出电子商务这一摊子，进而追求武学的极道，谋求真正给中国的商业带来一些变化。

这或许才是马云真正看不见的对手，也是马云最想做的一件事。从某种程度上说，马云现在吹的这个“大牛皮”比他之前吹的还要大。在这条路上他会遇到很多困难，他不仅是在和自己赛跑，更是如同堂吉诃德一般，需要与看不见的风车巨人搏斗，一路向前。

爆发吧小宇宙，前进吧马云！

TABLES

第四章

# B：百度的中国，中国的百度

在中国古代相面术中，有“南人北相大富贵”的说法，如果一个人“北人南相”，同样也是大富大贵的面相。我的同事林军深以为然，他的说法是，无论是北人南相还是南人北相，都是因为能够很好地了解从北到南各个地方的风土人情，与各种人都能很好地交流和相处，自然他的机会也就要多一些。林军喜欢举的一个例子是网易的丁磊，丁是浙江人，在成都读书，后来南下广州创业，之后又北迁北京，东西南北全都占齐了。

如果按这个说法，那么在中国互联网中，海归们同样也有着这种“南人北相”或者“北人南相”的优势，能够自如地在东西方两种文化中进行切换，为自己赢得更多的机会。然而在今天的中国互联网，真正算是大成的海归并不多，其中最成功的，非李彦宏莫属。

李彦宏的大成不能完全归于“早起的鸟儿有虫吃”，因为在他之前更早的谢文、张朝阳等人，真正吃到嘴里的不如他多；也不能说没有强大的竞争对手，百度的对手 Google 正是当今全球互联网公司的龙头老大。百度之所以能有今天，是因为其将“南人北相”的优点发挥到了极致。

无论是对内做收入或是对外做股价，还是对 Google 成功之道的追随和具有“中国特色”的改良，百度都做得无可挑剔——如果将 Google 为整合全球信息而致力于做一系列人人叫好、但对当前股价帮助不大的产品比作巴菲特式的价值投资，那么百度专注于流量和收入两个方向上的一系列产品布局则是索罗斯风格。或许有人会以巴菲特做投资、索罗斯做投机的说法来反驳我，但投资和投机本来就如同硬币的两面，在不同的市场环境下，一个高明的投资者会调整其投资和投机活动的比例，来为自己获取最大的收益。

在讲百度那些事儿的时候，我可能会插入 Google 的相关内容。这不仅是因为要说百度就不能不说 Google，更是因为对于像我这样一个 95％以上搜索用 Google 来完成的 Google 重度使用者来说，如何描述百度是一件困难的事情。通过与 Google 的对比，或许也能让我少下几次主观的结论。同时，有了这样的对比，也能够更好地说明投资和投机之间的关系。

接下来的对比，还是从林军给我讲的微软曾经是怎么放过了 Google 的故事说起吧。

当 Google 在搜索引擎领域初露锋芒时，微软内部曾经召开战略会议，以讨论如何对待 Google。最后是 CEO 鲍尔默一锤定音：不必在意他们，Google 不过是一群小屁孩在网上寻找黄色图片的工具而已。这一结论传到 Google，Google 上下开始彻夜狂欢——因为 Google 两位创始人认为，微软并没有看懂自己的模式，而是把他们最为看重的、当做自己核心竞争力的、对用户来说属于硬需求的特质当成了最不重要的东西。

当我听到这个故事时，那一刻，泪流满面的我想到了一句诗：黑夜给了我黑色的眼睛，我却用它来寻找光明——在鲍尔默口中的小屁孩在充分利用 Google 的核心竞争力在寻找黄色图片的时候，我却在用 Google 的非核心竞争力在寻找客户（在前一章我有提到，我曾是一名光荣的外贸工作者），情何以堪啊。

据说，当 Google 显示“因为启用了 Google 的安全搜索功能，‘××’已被 Google 过滤掉”的时候，在百度上仍然可以搜到最新的爱情文艺片——这可以看做百度延续了当年 Google 的核心竞争力，将 Google 的传奇一次次地延续。

这个例子同样可以很好地阐述，百度如何一步一个脚印地沿着 Google 走过的道路，合理利用游戏规则，在中国市场打败 Google。而百度在上市后，有一段时间广告中频繁出现的“百度更懂中文”，其实是在用另一种隐晦的方式告诉 Google：

这里是中国。

## 这里是中国

这里是中国，自然要按照中国的规矩做事。

有个关于 Google 的笑话：在 Google 刚进入中国的时候，中国公司一直为如何向总部解释清楚中国南电信北联通的运营商南北分立格局而头疼。最后还是李开复说了一个故事，long long ago，中国有个南北朝……从历史上说起，这才过了关。

这或许就是 Google 在 2005 年以前，一直犹豫着是不是要进入中国市场，是否通过收购百度进入中国市场的最主要原因。

李开复和李彦宏，这互为对手的“二李”，都是属于能够在中西两端自由穿梭的人物。但不同的是，李开复在 Google 只是一个职业经理人，而李彦宏却是可以做拍板、做决策的老板。至少，在时机的把握和可以采用的策略上，李彦宏的百度可以做的，要比李开复的 Google 中国要好得多和多得多。

所以，当李开复还在和总部沟通解释中国电信运营商为什么南北分立的时候，李彦宏的百度却可以做到专人值守机房以保证自己线路的畅通。更进一步，在这基础上再做出点别的啥来也不足为奇，因为，这里是中国。

百度战胜 Google 的经过也成为被人诟病最多的地方。百度一方面在市场上高歌猛进，一方面面临诸多质疑和非议。在不少人的眼中，百度和

Google的比赛，百度不是利用正面的进攻，而是利用主场的优势以及偏向主场的规则，最终拖垮了Google。

人生如同一袭华丽的袍，里面爬满了虱子。

张爱玲的这句道尽了人生虚华和无奈的话，用来形容百度，虽不能说完全贴切，但当中的意思，至少也有七八分相像之处。你可以说李彦宏和百度是在做投机，但不能抹杀李彦宏为达到其目标所做的努力；你可以为百度今天所达到的全球第四大互联网股票的高度而喝彩，但无法逃避百度不断的负面新闻，以及对其商业准则的质疑和麻烦不断的现实。

这当中的乾坤，又怎是张爱玲这一句话可以涵盖的？

Google的崛起其实具有偶然性，如果没有雅虎给的Google的大合同，也就没有Google的今天，就像IBM当年养大微软，最终却革了自己的命一般。

百度的崛起就少了很多偶然，归根到底，我们可以把百度的今天归结于由于中国互联网环境不景气所导致的百度转型。据说为了这次转型，李彦宏在董事会上摔了手机，最终是李彦宏的决心让董事们觉得可以试一试。不过这种说法太过离奇了，因为我觉得，在百度第二次融资时进入的大股东德丰杰，至少不会反对百度转型做竞价排名。

这个世界，永远都是钱多而好的项目少，所以百度在选择投资商的时候也会考虑投资商能给自己带来除了钱之外的其他哪些方面的帮助。虽然德丰杰没有像硅谷动力那样可以成为百度直接客户的项目，但是德丰杰在美国投了一家搜索引擎Overture，从事后的发展来看，学习Overture的模式上竞价排名，毫无疑问正是德丰杰后来所说的“正确的战略”。

为推进这一正确的战略，德丰杰Overture项目的负责人曾经亲自来中国向百度介绍Overture的做法和经验。由此看来，李彦宏摔手机对决董事会上竞价排名，其实并不那么势单力孤，李彦宏与德丰杰联手，完全可以通过这个决议。

所以说，所谓摔手机可能只是一个传说。

真正阻碍李彦宏和股东们下定决心的可能是Google。2000年6月24日，雅虎与Google签订了一份为期4年、价值4亿美元的搜索外包协议。这不仅对于Google，对于整个搜索引擎行业来说都是一件里程碑式的大事，搜索引擎们从来没见过那么多钱。

于是，百度决定以Google为学习目标走下去，甘当中国门户网站红花背后的绿叶。但仅仅4个月后的2000年10月，Google就推出了直接面向企业的Adwords广告业务。

这下立志以Google为学习榜样的百度就晕菜了。

也许从这个时候起，百度就开始有了转型的思考。德丰杰在Overture上做竞价排名的做法和经验的价值也开始显现出来，但真正让李彦宏下决心拍桌子摔手机的，还是因为网络泡沫的破灭。国内能付得起钱、愿意付钱的门户网站越来越少，别说4亿美元了，愿意付400万人民币的都没有。

所以，尽管像Google那样4年赚4亿美元的前景仍然诱人，但对于百度来说已经是水中月、镜中花。加上Google也做付费广告的示范作用，在拍了一通桌子之后，百度通过了一个兼顾利益的方案。百度的竞价排名采取与门户网站“分账”的模式，这使得百度以一种相对平稳的方式转型。

2001年9月20日，百度从幕后走向前台，推出了自己的网站，开始推出竞价排名服务。在转型的过程中，李彦宏亲自担任项目经理，用一个“闪电计划”，来做到“全面超越Google”。

这一提法很有中国特色。所谓中国特色我们都知道，人有多大胆，地有多大产。再说了，在很多时候，结果不是最重要的，怎么做才是最重要的。如果从这一点看，百度的做法确实很大胆，结果也很高产。

2002年6月某一天，与百度合作的某媒体公布了一个“万人公测”的结果，百度果然超越了Google。其实我想说的不是这个结果，因为百度既然敢做这个活动，其结果就是注定的。我想说的是选择发布的这个日子很特别，在这样的敏感日子里，出于维稳的要求，像百度超过了Google这样的话题肯定成为各媒体大肆宣扬的主旋律。所以说，这种行为很讨巧。

不过在我看来，这样的转型尝试并不完美。自转型后，尚不明确商业模式的百度按市场将团队划分为ES（企业服务）和PS（个人服务）两个部门。PS部门最终演变为我们现在看到的百度页面及其背后的团队，而ES部门则在百度的既想开拓新市场、又不愿意放弃老业务、不鼓励ES的员工转换到PS去的两头不到岸中，最终造成了ES部门大量优秀人才的流失。虽然在《李彦宏的百度世界》一书中，对这段历史以"一千万人民币留下一个工程师"来形容，完全不顾程浩、林应明、吴世春和段晖等技术骨干离开的事实。真要如该作者所言，那后来就不会有什么迅雷或者酷讯了。

这只能从表面上看是李彦宏和徐勇两位创始人在未来企业发展上不一致而导致的裂隙，但实际上应该是李彦宏最初的投机主义的萌芽。或许当时的李彦宏不会想到，今天的竞价排名会背上如此多的非议。不过，就算当时的他知道事后会发生的这一切，在生死存亡的大原则面前，我想，百度还是会按照这样的路走下去。

既然选择了这条路，就不能再回头。

转型之后的百度，考虑得最多的应该是如果Google来了怎么办。毕竟一个万人公测是解决不了问题的，且不说百度是否真的超越了Google，就算真的超越了，让人们接受也需要时间。

怎么办？

总设计师曾经说过一句有名的话，"计算机要从娃娃抓起"，李彦宏就是在这句话下成长起来的一代电脑神童中的一员。毫无疑问，他很清楚抓潜在市场的重要性。

百度的策略是，用搜索引擎，从校园网抓起。

始于1993年的校园网建设，在2000年后商业网站的热潮带动下发展迅速，成为国内仅次于中国电信的第二大互联网络。不过就像许多人眼中对大学校园“象牙塔”的净土印象，校园网的初衷并非完全开放。校园网从一开始就是一个彻彻底底的内网，用户无法上国外网站。哪怕部分最有动手精神的学生学会了“翻墙”，用起Google这样的国外搜索引擎也会遇到这样那样的问题，很郁闷。

数年以后，当当初在校园网中用惯了百度的学生走出校园，他们中的大多数仍然会选择百度——哪怕这个时候的Google已经进入中国，已经在校园中举办了各种各样的活动争取用户。这种活动更多的是以技术类为主，也为吸引大学生中的佼佼者进入Google起到了相当大的作用，但由于缺乏一个全员参与的基础，在市场份额上并没有对Google起到太大的帮助。

这其实很正常。在2000年中国互联网的大潮起来之前，能上网的只是少数精英分子，而Google的精英策略毫无疑问更容易得到第一代网民的认同。但在此之后，“三低”（低年龄、低收入、低学历）用户开始走上中国互联网的历史舞台，学会放低身段、迎合这些用户需求的百度自然有更大的空间。

MP3搜索，就是百度为迎合这些用户需求的最好例子。

2002年11月，百度推出MP3搜索。在MP3搜索最红火的日子里，MP3搜索为百度贡献了30%的流量。百度MP3搜索之所以深得群众的青睐，是因为在找音乐上确实好用。百度秉承“送佛送到西，帮人帮到底”的宗旨，不仅告诉你哪有，还能让你免去舟车劳顿之苦，直接通过它就能下到你想要的音乐，十分方便。

然而这款产品却是一款有争议的产品。听音乐的人爽了，不花一分钱就陶冶了情操；而制造音乐的人就要哭了，费了多少时间、死了多少脑细胞才编排出来的音乐给你就这么白白顺走了，却啥好处也没捞着，天天都喝西北风。所以唱片公司就不干了，于是找到百度，想看看百度怎么解决，要么停止这种行为，要么多少意思一下。

但李彦宏一听就不乐意了，我只是个带路的，又没有抢你的东西，你该找谁找谁去。用后来李彦宏的原话就是："我想人们已经忘记了搜索引擎和下载网站之间的区别，我们仅仅为用户提供访问链接，而不是内容，他们告错了对象。"

一句话，谈崩了。

既然谈崩了，那就开打吧。但唱片公司还真的打不起来，因为中国的《互联网著作权行政保护办法》是 2005 年 5 月 30 日才实施的，在此之前，中国对于数字音乐之类的互联网版权根本就是无法可依。

《互联网著作权行政保护办法》的实施给唱片公司们找到了捍卫自己主权的武器，就在这一保护办法实施后不久，一家音乐文化公司就将百度告上了法庭。而就在此之前，海峡对岸也有一宗互联网网站侵犯音乐版权的案子开庭，结果是两位同胞被判入狱三年。一切的结果都在表明，百度前景不妙。

百度，百度，惊起一宗败诉。

百度果然败诉了，但百度没有像网易一样叫停 MP3 搜索，而是开展起拯救大兵 MP3 搜索的行动，随即提起上诉，并对判决提出了多项异议。李彦宏"他们告错了"之语，就出于这个时候。

最终的结果，对百度来说自然是无关痛痒，但对于整个数字音乐却是一场打击。百度虽然没有在这整个非法数字音乐下载的产业链中获取任何直接利益，但却在其他地方的竞价排名上获取到了足够丰厚的利润。让音乐行业更不能接受的是，就在这一年，百度借助湖南卫视《超级女声》的热播，带动了贴吧的异军突起，成为百度社区战略的重要棋子，再一次提高了自己的流量和用户的忠诚度。

苦恨年年压金线，为他人作嫁衣裳。

这两句话用来形容音乐行业再恰到不过：他们不仅在互联网时代被砸了饭碗，还要为砸了他们饭碗的那个人数钱。这再一次证明，先进技术和商业模式就是第一生产力。

2005年，在百度的历史上是一个重要的年份，不仅是因为在这一年百度上市，更是因为这一年将成为百度的分水岭。在此之前，我们看到的更多的是一个勇于突破的百度，一家思考如何提高自己的中文搜索水平、与Google一较长短的技术公司；而在2005年的MP3案之后，我们看到的是一个在规则中寻找漏洞以获取利益最大化的百度。这个时候百度的表现，或许与百度上市后资本市场的压力以及做竞价排名以来，一直冲杀在销售第一线、忽悠手段老到的代理商们的言传身教有关。毫无疑问，从2005年起，百度开始习惯于“投机取巧”，百度再也不是一家以改写未来为己任的公司。对百度来说，能用最小的牺牲解决的事情，李彦宏一定不会选择雷霆手段。之后，2008年的“央视门”和凤巢的换汤不换药，就说明了这点。

用阿迪达斯“无兄弟、不篮球”的广告词来说就是：

你被耍了。每当我每年推出一些新产品，拿下更大的市场份额时，你还真以为，我就变成Google了？不过说真的，靠竞价排名压住Google一头，躺着数钱的感觉不错，信不信由你。

让我们再一次重复在之前我们描述百度转型时用过的那句话：

既然选择了这条路，就不能再回头。

## 这该死的股价

百度曾经有过选择，例如说选择在2003年卖给雅虎，或者选择在2004年卖给Google。

2003年百度初露锋芒，也让希望在中国市场上有一番作为的雅虎找上门来了。但最终在3721与百度的二选一中，开价1.2亿美元、拥有良好渠道、收入状况更好的3721战胜了开价1.5亿美元的百度。当然，从之后百度和3721各自的发展来看，真可谓塞翁失马，焉知非福。

百度之所以会开价更高，除了风险投资进入更早、要求获得的收益更高之外，可能更多的还是因为百度和雅虎在价值判断上的不一致。想来百度觉得，雅虎一定不懂得欣赏自己的价值。

那么，谁最懂得欣赏百度的价值？

2004年6月，百度进行新的一轮融资，引人瞩目的是Google战略投资百度并持有百度2.6%的股份。对此李彦宏说："从策略层面上考虑，因为Google最懂得欣赏百度的价值，并可能给百度带来更多的经验，这对双方都有好处。"媒体估计，为此Google可能支付了1000万美元。

然而从百度上市递交的相关文件中，我们知道Google只花了499万美元，而不是传说中的1000万美元；与此对应的百度市值为1.9亿美元，仅比1年前对雅虎的报价高出4000万美元。

要知道，这可是一天一个价的互联网行业，一年下来估值只涨了25%实在有点低，而且百度在过去一年的进步有目共睹。

所以，这当中一定有玄机。

百度的这次融资持续了6个月，据说之所以会持续那么长时间就是因为与Google的剪不断理还乱。最终百度认为，Google的加入会有效增加百度的品牌知名度和投资者对百度的认可度，因而接受了Google的投资。

关于本次融资流传的另一个版本是，百度与Google曾经洽谈过全额转让的协议。据说Google曾经问过百度，如果收购百度需要多少钱，李彦宏和股东们商量后给出一个价格：4亿美元。

按4亿美元的盘子计算，2.6%的股份确实是1000万美元左右，两相印证，百度向Google的4亿美元报价应该是靠谱的。从事后百度给Google造成的麻烦和百度现在的市值来看，4亿美元对Google来说确实不多，也是一笔很划算的生意。

但是，那个时候的Google还没有上市，Google的股票价值还没有得到市场的验证，而同时Google又正处于要拿出大笔现金收购Picasa的紧要关头（Google在2004年7月13日收购Picasa），所以如果4亿美元的传言属实，这个时候的Google多半会选择砍价。

另一个Google不愿意出高价的原因可能在于对百度价值的判断。百度的价值在于它目前占据的国内市场份额，但在Google看来，自己还没有进入中国就已经占据超过1/4的国内份额，如果它全力开拓中国市场，市场份额恰恰不是问题。

另外，按Google的收购策略，它往往只会去收购能弥补它的技术不足的公司，如Pyra Labs和DoubleClick，而不会收购类型完全相同的公司。如果百度只是Google的克隆，Google恐怕也会兴趣索然。从某种意义上说，百度在2002、2003年以来的一些更草根化、与Google不一样的手段，虽然打痛了Google，但却也让Google认识到了百度的价值。

Google要进入中国，遭遇到的问题有三：相关产业政策的限制、内容审查、中国的搜索市场的开拓。如果收购百度确实能解决这些问题，关键就看双方价钱能不能谈拢了。

当然，从最后的结果看，双方在价格上没有谈拢。可能的情况是，一个想买但现钱不够，一个想卖但报价很高，所以一直拖了6个月，这种情况也是有可能发生的。

那么，为什么在谈不拢的情况下Google反而以低于谈判标的的价格买到了2.6％的股票？

我的第一反应就是：这很像是一个对赌协议。

先搁置争端，共同开发，等过一段时间（例如说半年）再来看，要么百度上市，要么Google以协议价格收购百度。百度想借Google之力上市，同时为自己安排好后路;Google想留住收购百度的可能,双方皆大欢喜。

当时的业界大都认为,这笔投资是Google准备迎娶百度的彩礼钱,但双方却又有着各自的小算盘,所谓同床异梦,大抵如此。

唯一的变数就是,百度是否能成功上市。如果勉强上市而走出像后来麦考林一样的曲线,那还不如直接卖给Google呢。但是之后百度的表现堪称完美,用左手从Google等投资者拿来的钱,右手转而收购Hao123、上海企浪,从而壮大了自己,最终在这场对赌中胜出。

百度赢了对赌,自然不愿意卖了。所以像百度上市之后做的"牛卡计划",完全断绝了Google通过股票市场的运作而收购百度的念头。外部给予"牛卡计划"很高评价,但实际上是李彦宏要的"小花招"。

如果说2004年,百度左手进、右手出的资本大挪移,从某种程度来说是为了保证成功上市而做的一次偏重于眼前利益的短期行为,那么在上市后,这种对眼前利益的渴求更是成了百度的红舞鞋,令其无法停止。

从逻辑上来说这似乎有一点奇怪,因为在之前腾讯的章节中,我们有比较过香港股市和美国股市的不同。香港股市要急功近利一些,更关心现金流等实际的问题;美国股市则要耐心一些,会给企业多一点机会,看看企业未来发展的前景。

然而凡事必有例外。在一个投机为主的股市中,会存在相当数量的投资者;在一个投资为主的股市中,同样也会存在投机者。就像任何股市都存在的多空双方一样,一旦有一方长期占据上风,处于劣势的那一方也会寻找机会。不在沉默中爆发,就在沉默中灭亡。

百度的这个例外,主要来自Google。

2004年Google上市后,股价很快地在一年之内从85美元升到了超过300美元的高位,这让许多投资者或者投机者开始看不准了。追,现在的价格已经不低;不追,又有点不甘心,总之左右为难。

这个时候，百度出现了。从一开始，百度就是以“中国的Google”的身份出现在资本面前的。对那些没有赶上Google这一波，或者对Google拿不准的人来说，百度的出现正是给了左右为难的人一个机会。百度上市首日大涨354％，正是与“中国的Google”的身份有着直接关系。

但是，百度要与Google平起平坐，需要解决国际化、持续发展等一系列问题。而且百度与Google相似程度太大，一个市场中只可能有一个王者，这个“中国的Google”更多的只是一个概念。

这个道理，百度知道，买百度股票的人也知道。

但没关系，只要有了概念，就有了炒作和投机的空间。

就这样，百度和Google为美国股民们提供了不同的选择，喜欢投资的，可以买点Google的股票；喜欢投机的，不妨研究一下百度。

这样的一个结果，对投资者、投机者、百度和Google的股东来说，都可以接受。

正因为购买Google股票和百度股票的是不同的两群人，所以，在对待收入、盈利等直接财务指标上，市场对百度要比Google苛刻得多。

一个典型的例子是，2006年百度公布第三季度财报的时候，财报显示的数据是同比收入大增900％，但因为“低于股东预期”，百度股价反而在开盘前跌了9％，全天跌掉13％。

物竞天择，适者生存。为迎合股东的需要，从这一刻起，Google和百度也越来越不相同。

回到Google来。随着百度的成功上市和牛卡计划，Google最终发现自己被李彦宏耍了，于是花大价钱请李开复入局，意图给予正面回击。Google也在百度的持续小动作下逐步站稳脚跟，并持续取得进步。

如果对Google和百度的产品线做一个对比，可以发现：Google以整合全球信息为己任，在搜索之后相继推出Blogger、YouTube、DoubleClick、Android

操作系统、云计算、手机等一系列产品，从而奠定了自己对未来的有利布局；百度推出的一系列产品是 Hao123、千千静听、MP3 搜索、百度百科、百度知道等，这一系列产品，都是为了尽可能提高自己的流量，在满足用户的搜索需求基础上将流量转化为收入。

再进一步分析，与 Google 通过收购一系列网站进行纵向扩张不同，百度自己并不产生内容。在内容方面，除了在视频网站上有奇艺网和百度影视，在音乐、图书、图片等方面，还是如同之前的老样子，只是起到了一个链接索引的作用。

这对百度来说是一把双刃剑：由于不像 Google 一样分散资源去做其他的尝试，百度可以集中精力做好眼前的业绩；但也正是如此，在未来百度不得不面对后劲乏力的尴尬，就算竞价排名是金矿，也有挖完的一天。

虽然百度不像 Google 一样通过自己产生内容来讨好用户，但百度的竞价排名还是很得中小企业的青睐。由于访问量大，再加上广告与自然搜索混杂在一起造成用户的无意点击，不少用户感觉在效果上，百度能比 Google 带来更多的流量，效果也要更好。

这也是百度与 Google 的重要差别。在百度看来，自然搜索和竞价排名放在一起，对用户体验的影响不大，但却能给自己带来不错的收入，同时对客户来说，这也是他们所需要的广告方式；但对 Google 来说，他们可能会更多考虑这样做是否会误导用户。

在自然搜索结果中区分付费广告，从技术上来说应该不难实现。也就是说，这不是一个技术问题，而是理念问题：在为谁服务这一问题上，Google 选择的是优先考虑用户体验，百度选择的则是优先考虑广告客户体验。

平心而论，如果和国内的其他互联网公司相比，百度还是有着不错的技术底蕴的。但比起 Google 则明显不足，而且怎么用好技术，也有一定差距。

当百度还在北大资源楼里办公的时候，在硅谷工作过的李彦宏用了硅谷那一套宽松的管理方式进行员工管理，只提了不许抽烟和不许带宠物上班两条规矩。从根本上说，这时候的百度还是一家技术导向型公司。

但自从百度走向台前推出竞价排名服务、并把竞价排名结果和自然搜索结果放在一起的时候，这种技术导向的兴致开始有所变化。随着越来越多销售团队的加入，像移动时代这样缺乏技术底蕴但擅长客户开发的大代理商编写并完善了百度销售宝典，这对百度来说本来就是一种变化。而在上市之后，在资本的压力下，百度今天的企业文化和当初创业之初已经不同。

如果要衡量今天的百度到底是偏技术还是偏市场，我个人认为基本上是介于中国互联网另外两大巨头腾讯和阿里巴巴之间。百度既不会像腾讯那样醉心于钻研产品而忽略市场、公关等功能性部门，也不会像阿里巴巴那样让员工动不动就玩倒立——这也是一家技术型公司和一家销售型公司的最大区别。大家不妨想想，如果Google两位创始人也让Google工程师全体玩倒立是多么不可想象的结果。

至于百度将Google打到了香港，那更多的是非技术因素，而这又是另一个精彩的故事。大概可以从2006年百度第一次高管真空、2008年李一男的到任以及央视封杀讲起。

## 高管真空和央视封杀

在百度小鸡快跑式的扩张过程中，尽管李彦宏小心翼翼地将百度分为两部分，即原来的技术体系和后来的销售体系，各司其职，尽可能少地相互发生关系。但在业绩的压力下，不可避免地导致百度的资源向销售体系倾斜，从技术导向到结果导向，这一转变还是对百度产生了一定的影响。

在百度曾经出现过很奇怪的现象，如果用韩乔生式的解说就是：在2006

年到2008年间，百度曾经出现过COO和CTO长期空置的情况，CTO空置了两年，COO则要更长一些，达12个月。而到了2010年，随着叶朋和李一男的相继离职，百度的COO和CTO又再度双双虚位以待。

尽管李彦宏对于每次高管的流失总是痛心疾首，但还是给了外界这样的印象：为了百度的明天能更上一层楼，李彦宏会求才若渴；但毕竟在不同阶段百度需要的人才是不太一样的，所以当百度上到了一个新的高度后，李彦宏又会去寻找新的更适合的人才，而把之前的人才置于尴尬之地，才有了百度留不住人的结果。

在2006年百度高管第一次离职高潮后，李彦宏却没有急着任命新的COO和CTO。按照官方说法是因为这两个位置很重要，所以要仔细挑选最合适的人选。这个说法很有趣，COO没有，CTO没有，公司照样转，凭什么说明这两个位置很重要？就算是骑驴找马，也比光脚走路强啊。

可以对比的是CFO的缺位，在原CFO王湛生海南度假发生意外后，仅仅3个月后百度就任命了新的CFO。

从百度第一任CFO、COO、CTO的持股情况也可以看出：CFO王湛生，持股1.0%；COO朱洪波，持股0.9%；CTO刘建国，持股0.9%。如果说百度的CTO相当于内堂长老，COO相当于外堂长老，那么CFO就相当于护教法王，地位明显要比COO和CTO高一截。

用流行的话来说，神马COO、CTO，都是浮云。

只要有CFO能够和投资者们打好关系，保护公司股价就行。

因为CTO的缺位，百度在研发上也有点不思进取起来。这就导致了近几年来百度一直没有推出什么很给力的创新性产品，而是躺在过去的功劳本上睡大觉。之前李彦宏曾经说过，在中文搜索上，百度领先竞争对手三到五年。可现在竞争对手不但推出了一系列口碑不错的创新性产品，在最核心的中文搜索上也与百度打平。

不过，长时间做股价而没有实质性的突破也是不行的，所以在COO和CTO两位高管空缺了一段时间后，叶朋、李一男相继来到百度。

这个时候，百度还是保持了先打雷一年以后才下雨的风格——例如2007年说要做电子商务，一年之后才推出"有啊"；在央视曝光竞价排名的种种积弊后说会推出新的系统，等到凤巢千呼万唤始出来，相隔也是一年。

按百度的技术积累，这样的节奏很不给力。要解释为什么有着那么好的底子还这么不给力，恐怕也是因为百度考虑的，是优先做股价。

2011年2月，百度一拆十之后的股价爬到了120美元附近，已经高于2008年12月因为央视曝光大跌后的低点，也就是说至少翻了10倍。

之所以要优先做股价，是符合后到的百度高管们的利益的——据说叶朋和李一男来百度上班时，两位长老拿到的期权是按之前几个月的平均股价计算的，接近300美元。后来股票跌到100美元左右，对于两位长老来说自然无利可图。

而从百度股价变化的情况来看，也是符合看准了机会的投机者的利益的。北京奥运会开幕的时候，百度的股价还在300美元之上，到了2008年年底就跌回100美元出头，过了一年又回到500美元的高位，之后又因为Google的退出中国一路飙升，直到最近的1200美元(按拆股之前复权计算)，典型的先洗后拉啊。

在这先洗后拉的过程中颇有意思的是，李一男2008年10月来百度报到，当时的李彦宏曾高兴地对外宣称"百度2.0版本诞生了"，结果一个月之后就发生了让百度股价大跌的央视曝光事件。而李一男本人在2010年2月离职，外界的猜测是"与百度被黑有关"。但最终的结果却是李一男与无限讯奇总裁兼COO龚宇的互换东家，与先洗后拉的节奏完全符合。关于这一巧合的猜测，我们稍后再说。

央视曝光百度竞价排名积弊，也正是过去百度过于偏重眼前利益和收益所导致的一系列问题的集中爆发。如果百度能够趁股价较低的时候进行一个策略的调整，开发一些新的项目，积弊就不会那么深。因为，一方面这个时候股东们对于业绩的要求可能就不如在300美元的时候来得那么迫切；同时，李一男刚刚到位，或许能帮助百度更好地解决可持续发展问题。

但百度没有这样做——或许有抱负的李一男有提交过自己的一套方案，不过李彦宏在压力面前的低头注定了李一男在百度就是来打酱油的。另一方面，在资本对做好业绩拉高股价的压力下没有人肯拍板做革新。而当百度的股价被拉高之后，再去做调整代价太大，所以百度就算想要做一些改变，也只能一边做业绩，一边等待机会。

随着李彦宏在春晚上的8次亮相，以及可能存在的背后高人帮助摆平，一切都似乎回到了起点。尽管百度业绩仍然向好，但从收益上看，除了搜索服务，百度依然缺乏其他有效的收入模式。而且对于中小企业客户，百度有过度开发之嫌，盈利能力在用户群体中和市场上出现了衰退。如果照这个趋势发展下去，一旦百度竞价排名开始出现瓶颈，之前被掩盖住的问题将会再次爆发，而且更难以收拾。

在被曝光后的2009年，百度在加强管理和提高营业收入的两难之间选择了后者。这也导致了在2009年，百度之前的问题不但没有得到解决，反而有激化的趋势：百度销售员工的压力依然巨大，甚至华南公司出现了“集体散步”和停工的事件；如赌球、骚扰客户等负面消息频传，百度虽然发布公告称是员工个人行为，但也难逃监管不当以及对员工的擦边球做法睁一只眼闭一只眼的软弱嫌疑。

再这样下去，用不着央视的第二次封杀，都够百度喝上一壶的。但是这个时候运气又一次站在了百度这边——当Google宣称要退出中国市场，而希拉里为Google撑腰后，大家才发现，百度那么多年来一直坚持不懈吹的“有害信息”的枕边风，也不是完全没有道理。如同之前的断网一样，这一突发事件的最大得益者，依然是百度。

百度接二连三的好运气也引起猜疑：一个人如果买彩票中了大奖，大家可能觉得是他运气好；如果不久之后又中了大奖，那可能是他运气十分好；如果一个人接二连三地中大奖，那么所有人只会想，这彩票还能买吗？

好吧，为照顾认定“这当中一定有阴谋”读者的情绪，结合之前李一男在百度打酱油的经历和股价先洗后拉的情况，我们不妨 YY 一下。如果用小说的情节来描述，这一段故事可能会被这样描述：

2006 年，华为收购港湾，李一男重回华为。但这时候的华为已经不适合李一男。而另一方面，曾经将李一男当做接班人来培养、对李一男来说亦师亦友的任正非，对李一男也有着一种复杂的感情，既不愿意重用，也不愿意李一男就此沉沦。所以，电信体系之外的百度就成了任正非安放李一男的最佳选择。但是李一男的运气却不太好，刚到百度就遇到了央视封杀，本着救人救到底、送佛送到西的原则，任正非和无限讯奇的另一位高人股东帮助百度摆平了央视。随后就是 Google 的倒霉日子，百度的股价也因为一个个利好而节节高升。由于受不了门前的流言蜚语和种种是非，Google 最终像烈妇一样宣布退出，至此李一男功德圆满，也结束了在百度的过渡期。于是百度和无限讯奇各取所需，李一男担任无限讯奇的 CEO，龚宇来百度做奇艺视频。

这个说法的确很精彩，连我自己都几乎相信了。不过这不是小说，所以以上异常精彩的描述仅供大家一笑。我们暂时不管百度的股价背后是否有看不见的手，还是来看百度的问题吧。

从某种程度上说，百度的股价就像是中国的楼市，一样的负面信息不断，一样的投机市场行为。但凭借着独特的环境，百度做到了一俊遮百丑，利用了投资者和用户的信息差，在美国思维和中国现状之间相互平衡，成功地一次次投机。但既然是投机，总会有押错大小、满盘皆输的可能，如何改变这种状况，把一个篮子里的鸡蛋分开放，才是正道。

Google意外地退出中国，给了百度扩大市场份额、开拓企业客户的机会。但对百度来说，如何在Google缺席的情况下，利用上天给予的有利环境进行调整，破掉股价的魔咒，解决过去因为偏重眼前利益所导致的问题，则是比扩大营收更重要的事情。

从重视眼前利益到重视长远发展，从投机到投资，百度所面临的自我挑战，才刚刚开始。

## 百尺竿头，更进一度

互联网果然是造就富豪的地方。2011年3月9日，《福布斯》杂志发布了2011年的全球亿万富豪排行榜，李彦宏荣登大陆首富。这是继丁磊、陈天桥后，第三位登上大陆首富宝座的互联网人士。

然而，比起两位前任，李彦宏的此次登顶显得更有争议。

2011年3月15日，国际消费者权益日，《三一五中国作家讨百度书》发布。这份由慕容雪村执笔，贾平凹、刘心武、阎连科、韩寒、郭敬明等联署，直指百度文库的"檄文"，以及由此引发的百度文库和中国作协、中国文著协版权纠纷，成了2011年中国互联网的开年大戏。颇为玩味的是，虽然执笔者慕容雪村是学法律的科班出身，但在讨伐书里，并未援引《著作权法》的任何一句法文，甚至连"著作权"、"版权"的字眼都未曾提及，而统称为"权利"。

韩寒在博文《为了食油，声讨百度》中的一句话道出了个中缘由："我说，告百度啊。他们说，都告过了，没一个告得赢。百度很有钱很有门路，据说很多法院他们都能搞定。百度的公关又很强大，据说很多媒体他们也都搞得定。"百度早已练就了百毒不侵之身，无论是黑道白道都走不通，这让作家们怎么办？与其以卵击石，不如另辟蹊径，利用自己最擅长的技能，以文字动人，用抒情、批判的方式，打动读者的心。

这样的举动虽然被评论为“行为艺术”，但却是在中国对付百度的无奈之举。

就在《三一五中国作家讨百度书》发布之时，本书的写作已经进入收尾阶段。但是因为这场纠纷推迟了结尾的时间——因为当时我手贱在百度文库上查询了英鹏兰德出版过的图书，结果无一遗漏，全部登记在册。

亲，你要读某某图书吗？百度文库有全版哦！亲，不用钱的哦！亲，很方便的哦！

虽然我不是什么正儿八经的作家，但此时如果我不说话，等到有一天“他们奔我而来，再也没有人为我说话了”。我也想在《三一五中国作家讨百度书》上签名，但贾平凹、韩寒他们不带我玩。所以我只能在这里说，如果百度文库未来收录此书，我感谢上传者和李彦宏。

——这恐怕也是我能做到的最大限度。因为对于成为大陆首富的李彦宏来说，其思考问题的层次不会和我们在一个层次上，不会去理解“一个一百多人的企业一年的利润还不如在上海炒一套公寓”，不会去思考“为什么不能拿别人的东西来共享”。他们敢于只派出一个“政策法规研究负责人”应对百度文库的侵权问题，对洪波批评百度的文章，李彦宏回了八个字：“燕雀安知鸿鹄之志。”

是的，或许在李彦宏眼里，这样的纠纷只是无关紧要的事情，对百度的股价不会有什么影响。这的确有点无奈，因为搜索引擎的商业模式不死，百度就不会死。但李彦宏的鸿鹄之志在哪里呢？是冲顶成为中国首富，还是成为中国首富后不下来，甚至打算再进一步，成为世界首富？

这当中有许多差别，关键在于，如果李彦宏的鸿鹄之志仅仅是以金钱的数量来衡量的话，那么这会影响到他的进一步决策，在可以预见的将来，百度一定还是怎么赚钱怎么做。但如果李彦宏看得更远，或许会进一步思考百度商业模式的升级和演变。让我们先来看看百度的搜索商业模式和这种以搜索为核心的生态链吧。

大鱼吃小鱼,小鱼吃虾米,这句话说的是自然界的生态链。互联网也有生态链,这种生态链往往是以信息关系为媒介。在 Web 1.0 时代,百度这样的搜索引擎紧紧地掐住了门户的脖子,通过对信息流的获取和分类整理,让自己在生态链中占据了最为有利的位置——和我关系好的,我给你倒点流量过去;和我关系不好的,我拔光你的毛!

但是在 Web 2.0 时代,一切都发生了改变。

不要疯狂迷恋搜索引擎,搜索引擎只是个传说!

人和人之间的交互,使得大量的信息不必通过搜索引擎进行交换,从而改变了用户"内事不决问百度、外事不决问 Google"的习惯。强力客户端软件的出现,改变了用户的网络行为,搜索引擎们信息生态链顶端的地位开始受到威胁。

就连全球搜索引擎老大 Google,也在积极适应这种 Web 2.0 时代的变化。之前 Google 有一句有名的话:"我们的使命是让用户尽快离开搜索引擎"。到了 Web 2.0 时代,Google 仍然在极力缩短用户通过搜索引擎找到自己想要的结果的时间;但同时也推出了一系列需要用 Google Account 登录的产品,以增加用户的黏性。

在 Google 平台化的同时,百度却依然坚持"一个中心",在走"加强搜索"的老路。其附属产品如贴吧、音乐搜索、图片搜索、硬盘、家庭、移动搜索等功能,可以说都是在进一步丰富和细化搜索功能,并没有在其搜索领域以外做出明显特别的产品。从收入看,百度的收入严重依赖竞价排名,除此之外基本上没有其他的收入来源。

所以,像百度现在虽然可以说自己覆盖了中国 95%以上的网民,但用户流动性大,而且用户个体模糊,无法像腾讯一样,想要弄点什么新产品,都可以轻易地倒用户。百度上新项目想要弄点动静，难度比腾讯要大得多。

比如说“有啊”，2007 年百度讨论要不要上电子商务的时候，之所以在董事会上遭到反对，恐怕也是因为只能眼睁睁地看着一年数十亿计的流量干瞪眼，无法有效地将这些流量转换到电子商务的新项目中。而李彦宏最后拍板同意试一试，除了是对俞军的信任和支持外，恐怕还有因为其喜欢留后路的谨慎作风使然。

同时，百度也存在着客户更新换代的需求。像在美国，Google 的最大客户是如亚马逊、eBay 这样的电子商务网站。哪怕它们在自然搜索结果上已经排名第一还要继续投放 Adwords 广告，因为它们要保证在任何地方都能看到自己。这是让百度羡慕不已的，因为这些用户总比像央视曝光的假药靠谱得多。

但是百度要吃到电子商务客户的广告大餐也有问题，至少在这些电子商务客户眼中，要做好电子商务需要大量的数据。而百度的后台和 Google 的后台数据的详细和精确程度是不能比的，如果百度为了这些用户的需求改进后台，又可能会遇到过去用惯了百度简单后台的暴发户客户不会用复杂系统的问题。

所以，凤巢在李彦宏宣布推出后磨磨蹭蹭了一年才推出，结果还被认为是换汤不换药——不是不想做改进，不过这一切只能从长计议。

就连像央视曝光百度那么大的危机，李彦宏尚且还磨磨蹭蹭不愿做改变，那还有什么可以让百度主动改变呢？至少作家们主张的百度侵权，对百度来说不过是小菜一碟，百度的眼光仍然在与自己齐名的互联网巨头身上。

回过头来看百度 2007 年的表现。不知道要上电子商务除了狙击阿里上市的因素外，是否还有促使电子商务客户多投广告的意思，但这反而遭到了阿里的有效反击：阿里宣布不对百度的搜索引擎蜘蛛开放。这样的相互封杀对于阿里可能会产生一定的影响，但由于淘宝等网站已经产生了足够的用户黏性，而对于自己不产生内容光从别人家抓取的百度来说影响更大。

当然，也只有像阿里这样的强势电子商务网站敢和百度对抗，如果所有网站都这么学阿里，那么百度就真的没饭吃了。

究其原因，还是因为对网民来说，随着网上技能的逐步熟练，搜索引擎的重要性已经在降低。

上马电子商务失败对百度的影响是深远的。一方面让百度了解了其他领域对手的深浅，日后百度想要进入新的领域时可能会更加谨慎。另一方面的收获是，了解了自己在业务扩张和复制上的能力，也让百度迫切意识到，打好内功是多么的重要。

百度的问题是缺乏需要登录的黏性产品，即使是重度百度用户，无需登录，就能得到百度提供的全套服务。不需要登录的结果是无法笼络住用户，也欠缺广告相关的数据和对用户习惯的把握的能力，无法将切合用户需求的信息与具体的用户匹配，也难以进而实现平台化，将用户的价值最大化。

如果说之前迫于Google的压力使得百度不敢轻易创新，那么当现在Google退出，而要做好搜索引擎是有门槛的，需要海量用户帮助其他竞争对手改善。如果没有用户积累，一些问题很难被发现，因此对百度来说，其他潜在的对手都不足为虑，这正是百度拥抱变化的最好的时代。

实际上，在Google还没有退出中国的时候，生性谨慎的李彦宏已经开始了尝试。因为在经过央视封杀和华南散步等一系列大事件之后，李彦宏意识到，人无远虑必有近忧，如果不做改变，危机很快就要到来。

2009年的百度创新大会上，李彦宏提出了框计算，但是由于缺乏实质性的内容，很快在水木社区上被演绎成了“坑计算”：“基本的坑计算是指通过挖坑，以灌水的方式获得所需要的资源（问题的答案、影片，甚至老婆）。不同于以前的网格计算、云计算、框计算，坑计算则是提出了人机合一的计算模式，是之前各种计算模式的发展，是虚拟化、云计算、专家系统、人肉搜索等概念混合演化并进行质的提升的结果。”

这一提法不仅在水木社区遭到了嘲笑，业界也有很多人不看好百度的这个框计算。如 Keso 就说过他对框计算的第一印象：云计算很形象，将虚无缥缈的东西具体化了；框计算听起来则是把具体的东西虚无缥缈化了，相当不靠谱。

直到一年后人们看到具体的产品，才了解百度所说的框的意义。这是一个以满足用户需求为导向的平台，由百度建立大量标准的、即插即用的接口规范，让第三方主动把数据和应用等内容提交到百度，与框计算平台对接。例如，按照百度要求生成一个 XML 文档添加到索引，然后百度去抓取，甚至运行。

例如，在框的结果中可以运行豆瓣电台，可以直接播放视频网站上的电视剧，其他如游戏、阅读、购物、杀毒等各种应用，也可以通过百度框在线直接体验和使用。据说这个具体到搜索结果上怎么运行，一开始是没有的，但因为 APP 太火了，才有了现在的这个样子，也让框的内容更加丰富，将之前给人的虚无缥缈感觉具体化。

从本质上说，框与百度赖以为生的竞价排名是冲突的，许多本来可以用竞价的结果，现在给框起来了。比如将购物给框起来，再想让电子商务网站增加在百度上的竞价排名投入，困难就会大很多。从这一点上，也可以看出百度希望做出改变的决心。

框计算这个项目一开始就拒绝销售的参与，销售体系很多人想来看具体产品，都被拒绝在外。对习惯了 Google 风格的用户来说，这可能不算什么。但对百度来说，这是里程碑式的事件，框可能反映着百度一直以来重视业绩风格的一个改变，也可能是一系列多米诺骨牌倒下的开始。

按百度的说法，“框计算”与 Google 提出的“云计算”有着本质的区别。云计算强调后台运算资源的整合，利用 Google 强大的硬件集群为用户提供低成本的IT基础设施的配置；而框计算更多的是对前端用户需求的研究和响应，为用户提供一站式的互联网服务。

也就是说，Google通过各种不同产品满足用户的需求，百度则是建了一个叫框的一站式Shopping Mall，吃喝玩乐全部解决。

在框的背后，是百度以框为载体所代表的开放。百度所推出的“框计算”只是一个响应用户需求的前端场所。哪怕这个平台前端的需求量再大，如果无法提供丰富的服务和合适的应用在平台上响应用户的需求，再好的设想也只是空谈。

Web 1.0时代，是对信息流的控制，是信息之战；Web 2.0时代，是对用户和用户关系的控制。对用户和用户关系控制的最好办法是建立平台，框就是百度建立的平台和一站式Shopping Mall。在这个Shopping Mall里，除了自营外，更多的还需要对外招商，让应用开发者加入到这个平台上来。

在争取开发者和内容上，百度的力度是最大的。例如某游戏门户，百度有6个不同部门在与之洽谈不同方面的合作。至少在这一方面，比起腾讯和阿里巴巴，百度要更积极一些。

百度力度之所以在三巨头中是最大的，因为百度在平台搭建上的基础最差。无论是腾讯的QQ，还是阿里巴巴、淘宝，都已经形成了对用户的黏性，这相当于办了VIP卡，用户手里的卡多了，也会有多个选择。

说到底，未来的中国互联网之战，实际上就是平台之战。要做好平台，关键要让这个平台足够开放，建立起足够开放的技术接口。让所有想加入平台的应用提供商、开发者、站长，都能以最简单便捷的方式加入到这个平台中，与用户需求无缝对接。从技术层面看，百度有着足够的技术力量和积累(相比起来，阿里巴巴的“大淘宝计划”则在技术上稍显紧张)，而且在对外开放合作的力度上，又有过去站长联盟的运营经验。

除了框之外，百度还有其他尝试。

例如视频网站奇艺，就是再一次向 Google 致敬的一个项目。2006 年，Google 以 16.5 亿美元的高价收购了 YouTube，虽然可以满足用户在视频方面的需求，但从根本上说，这是一项投入巨大的项目。因为视频网站要耗费大量的服务器和带宽资源，而且比起搜索引擎的竞价排名，视频网站从商业模式来看尚不成熟，以过去的百度，或许就根本不会考虑。

但在国内视频网站变成了电视剧网站，而电视剧的网络播放授权费用连创新高的情况下，百度的这一尝试更显得难能可贵。

同样，还有百度的 SNS 项目百度偶像。比起奇艺，建立在六度理论基础上的社区人际网络更符合 Web 2.0 的特征。但是百度的 SNS 项目不但没有充分利用百度的流量优势，而且建立了行业中的最高门槛，使之成为一个小众群体。从这个角度看，这更多的是一个先锋性试验，百度的胃口非常小，甚至不如一个创业公司大。

这个向 Google 的 Okurt 致敬的项目，看起来似乎不大成功。

可见，在未来的规划中，百度会以搜索为中心、以框为载体搭建自己的开放平台，在搜索以外的其他领域上不会主动与其他互联网巨头磨枪走火。因为百度需要解决的，是如何精耕细作，更好地发挥自己的流量优势。

总体来说，百度迎接变化的步子还是偏小，这与李彦宏的谨慎特性有关。另外，在百度内部有着著名的“70－20－10 原则”，即百度 70％的资源投入到跟搜索直接相关的技术和产品研发中，20％的资源投入到跟搜索间接相关的产品和技术上，只有 10％的资源投入到其他创新项目中。百度在新项目上的不给力或许正是这一原则的直接反映，从稳妥的角度来说这无可厚非，但考虑到百度过去积压下的太多问题，再加上现在 Google 的出局，百度的胆子应该大一点，步子再快一点。

三十年河东，三十年河西。随着最近 20 年运算载体从大型主机转向 PC，继而转向互联网，IBM 和微软等行业巨头的影响力也在逐渐下滑。而如今的百度同样面临着这样的尴尬，科技的改变使得百度的前景存在疑问。

如果说 Web 1.0 时代是搜索引擎的时代，而到了 Web 2.0 时代，搜索引擎的地位开始受到挑战。再下去，到了移动互联网时代，百度所要面临的挑战要远远大于机遇。摩根士丹利有一份关于移动互联网的报告称，在桌面互联网中广告占据了 40％的营收比重，但在移动互联网的比重只有 5％，广告不一定是未来网络竞技的核心，百度的商业模式将会受到严重冲击。

在互联网时代，在中国市场，百度之所以能保持对 Google 的完胜，原因在于借鉴了 Google 的成功经验的同时，在中国这块更适合投机的土地上做出了最适合的选择。但归根结底，百度身上被烙下了太深的李彦宏的痕迹。而当移动互联网的浪潮开始席卷的时候，如果百度想要百尺竿头更进一步，就需要淡化李彦宏的色彩，改变过去那种将规则利用到极致的心理。尤其是在百度文库侵权弄得沸沸扬扬之后，百度需要注意修补那些被自己所损伤的利益关系，增加更多的理想主义情结，去认真做一些实事，甚至是别人暂时不能理解的傻事。

未来何去何从？百度也将做出自己的选择。

TABLES

第五章

# L：奋斗之王雷军

在本书之前的章节中，我曾经引用过一句经典广告词："我们屈居第二，所以我们一直在努力。"现在，我再把这句广告词换另一种方式来表达，用来形容雷军：

我们永远争第一。

是不是霸气多了？

之所以说永远争第一，是因为在这个互联网的大时代中，雷军从来没有拿到过第一；但是从各方面看，无论是从他的起点、他的能力、他的勤奋，都不比那些曾经拿到过第一的人差，但很遗憾，雷军运气不佳，并没有得到过这个机会。

——不要和我说三分天注定，七分靠打拼的话，因为在过去16年中，我已经尽了全力。

这应该是2007年雷军卸任金山总裁和CEO时的心境，在此之后的雷军有过无数思考，也曾经将创业成功的80％归于运气。像他自己所说，如果自己是在1964年前后（比如杨元庆）或者1972年前后（比如丁磊、陈天桥）出生，那么可能在大学毕业一两年后刚好迎来了中国的个人电脑革命和互联网行业的革命，可能成功要容易很多。尽管如此，哪怕80％的运气不在自己这边，雷军仍然义无反顾地去完成自己永远争第一的心愿。

不过，这一次他换了一种方式。

雷军所做的，是如同何塞·穆里尼奥一样的华丽转身：如果当球员注定让我无法得到第一，我会在教练领域，用自己的努力取得足以让所有人闭嘴的表现，来证明：I'm the King。

这就是雷军，永远争第一的雷军，宁愿清盘一无所有，也不愿意年年保级的雷军。

2008年，刚刚从做实业向天使投资人转型的雷军很快就拿到了一个"第一"。他以CEO的勤奋和亲力亲为来做天使投资的策略初见成效，获得了"2008年度天使投资人"，而这只是雷军一系列成功的天使投资的开始。

今天的雷军，是带领着多支由希望之星组成的球队打比赛的雷军。虽然所打的联赛暂时还不是最高级别的联赛，这些希望之星也无法与一线巨星相比，但没人能否认他们的潜力。如果雷军将这些队伍合并成一个队去打最高级别的联赛，或许真会有冲击第一的效果。

用周润发曾经做过的一个广告来总结一下吧：

成功？我才刚上路呢。

## 天下没有不散的筵席

天下没有不散的筵席，一切全都全都会失去。

我大学毕业时正是郑钧最红的时候。记得我们宿舍的散伙饭，最后唱了这首歌，唱完后各奔东西。十几年一晃过去，物是人非。在2010年的怒放音乐会上，老兵群网友端木亲临现场，乘兴而去，失望而归。用他的话说就是：郑钧老了。

今天的郑钧已经不是当年的那个摇滚青年，现在音乐也不是他的全部。

据说，他现在还在做天使投资。

这一章我们讲述的，是一个天使投资人，和关于他的天下没有不散的筵席的故事。

院子里有两棵树，一棵是枣树，另一棵也是枣树。

我记得这是鲁迅的一篇文章中的话。同样的一句话，在他的笔下是经典，而在我的笔下，可能就变成了骗稿费的啰嗦话。这就是名人效应。

有人总结过名人和凡人的不同：名人发脾气叫个性，凡人发脾气叫劣根；名人空话叫指导，凡人空话叫唠叨；名人强词夺理叫雄辩，凡人强词夺理叫狡辩；名人老了叫雷老，凡人老了只能叫老雷……

同样，如果有人说“我自己最大的优点是工作勤奋，追求完美；最大的缺点是工作太勤奋，太追求完美”的时候，你要分辨一下，说这句话的，究竟是正在寻找人生中第一份工作的大学生，还是雷军。

雷军，金山的第六名员工，1998 年担任金山总经理，2001 年金山股权改制后担任总裁，直至 2007 年年底辞职。在金山改制后，雷军也开始成为金山的股东并全力购买金山的股份，逐渐成为继张旋龙、求伯君之后的金山第三大股东。2007 年雷军在金山上市后辞去总裁和 CEO 的职位，转而从事天使投资，收获颇丰。

雷军是今天中国互联网化石级的人物，在雷军 1992 年入行时，互联网的浪潮还没有兴起，所以他不仅见证了金山历史，而且也见证了中国互联网从无到有发展壮大的历史。当 1999 年雷军首次获得中国“IT 十大风云人物”的殊荣的时候，今天叱咤风云的 BAT 三巨头或是尚未创立，或是还在为赢得业界的认可而努力。

像马化腾，在创办腾讯的时候还曾被雷军一个电话召唤，与创业伙伴一起跑到珠海去让雷军指点。但当时的雷军也看不懂腾讯，否则当时雷军要是做了腾讯的天使投资，那早就大成了。

当然，做天使投资也是后来的事，那个时候的雷军还在忙乎着金山的工作。

金山有双雄：求伯君和雷军。如果说求伯君是 WPS 时代金山的象征，那么雷军就是带领金山发展成型的那个人。相对于求伯君领来的“振兴民族软件产业”的帽子，雷军的付出更多。是他将一个虚无缥缈的目标具体化，并将其赋予新的内容，用自己的努力推动企业向自己想要的方向前进，将企业带到了正确的方向上。

我们先来看金山的历史。

雷军在《梦想金山》一书的序言中这样写道：金山的历史，就是脆弱的中国民族软件工业在与狼共舞的过程中成长壮大的历史。

雷军说的这条狼，就是指微软。

这哪是狼，分明是恐龙。

要与微软这样的恐龙共舞，挑战微软，光靠 WPS 的创始人求伯君绝对力单势薄了一些。于是，江湖上就有了“求不离雷，雷不离求”的金山二人组合。

求伯君和雷军对于舆论给予的做民族软件工业旗手和挑战微软的使命照单全收，但是具体怎么做民族软件工业的旗手，怎么挑战微软，挑战成功不成功，在具体执行上很有难度。

这当中的难度，堪比中国国家男子足球队获得世界杯冠军。

资深足球迷应该还记得，就在金山热火朝天地挑战微软的 20 世纪 90 年代初，中国足球队迎来了历史上第一位外籍主教练施拉普纳。这位主教练首先在队内进行了爱国主义教育，其强调的“豹子精神”大大鼓舞了中国队的士气。他最有名的一句话是：“如果你不知道往哪踢球，就往对手的球门里踢。”

怎么往对手球门里踢？不要问我，连施拉普纳都没说明白。

从某种意义上来说，20 世纪 90 年代初的金山和中国国家男子足球队，有一定相通之处。

为实现往微软球门里踢这一目标,在金山的16年中,雷军几乎每天工作十几个小时,人送外号:“IT劳模”。

“劳模”这个词,一般给人的印象是工作在第一线、吃苦耐劳、任劳任怨的憨厚大叔,与强调创意、强调新经济模式、求新求变的IT行业的风格有着强烈的反差。“IT劳模”这样的混搭,别有风味。

一重含义是,雷军所经历的金山16年,由于肩负着民族软件产业的重任,有些事情是不得不做的。正因为这样,他必须面对更多的困难,付出比别人更多的努力。另一重含义是惋惜,以雷军的聪明、勤奋和敬业,如果当初不是在金山,不是为了和微软死扛,换个行业早就成功了。

就连2007年金山费尽九牛二虎之力上市,也不能算大成功。金山上市当天股价最高时4.74港元,总市值超过50亿港元,未能达到10亿美元公司的标准。今天金山的股价停留在4港元左右,的确不能算太成功。

相对于三大巨头上市的风光,按麻将的术语来说,金山的上市只是个屁和。之所以金山这盘麻将打了19年还在台上,是因为金山在台上小心翼翼,没有点过什么大的炮,任劳任怨地当陪摸。

其实金山听牌听得挺早,从1999年开始,金山前后共准备了8年时间,看过5个股票市场,并在内地A股、纳斯达克和香港进行了实质性操作。但估计金山也就在上市线左右,并不是什么特别突出的公司,毕竟上市名额有限,市场也更偏爱其他更有想象力的公司。

而且,金山还陷入了有钱不敢花的境地,因为一花钱,就达不到上市的要求。但上市却始终遥遥无期,最后还是雷军实在受不了这样的等待,于是劝说金山董事会转型游戏,并借助游戏上的突破才一举成功。

不过金山转型游戏并不太被人看好,据说在金山转型游戏后推出首款作品《剑侠情缘online》时,雷军的老友丁磊曾以10万美元的筹码与雷军打赌,赌这款游戏两年都无法做到 5 万在线。

钱是小问题，被看小才是大问题。《剑侠情缘 online》在半年后在线人数突破 10 万人，成为当年最成功的游戏作品之一。丁磊是否兑现了赌注，当事人都对此三缄其口，不过后来丁磊从金山挖走了赵青。从丁磊的小气脾气看，如果把这次策反当做输了 10 万美元的赌注后从其他地方找回来，也说得过去。

相对于另外两个大股东求伯君和张旋龙，雷军要更与时俱进一些，想法也更多一些。

"从此刻起，金山翻开了新的一页，我们将以快乐、轻盈的步伐开始乘风破浪、大展宏图的新征程。"这是金山上市后雷军给所有金山员工一封邮件的结尾，从这个意义来说，金山上市对雷军来说只是开始，不是结束。

关于上市的目的，雷军也曾这样表述：中国企业做不大，一是缺人，二是缺钱；要想改善营销管理、内部管理、研发管理，吸引更多高素质人才，上市是前提。

可见，在金山上市后，雷军是想利用这个机会要人要钱、大干一场的。但是在怎么干的问题上，这时候却不是雷军说了算。

在金山的发展方向上，同为程序员出身的求伯君和雷军是有分歧的。这就好比踢足球，上半场踢了对方一个 1∶0，下半场怎么踢，到底是继续进攻还是守住这个结果，教练组有分歧了。

所谓性格决定命运，求伯君和雷军的分歧或许也正是如此。求伯君理想中的金山是成为中国的微软，20 年前这么提的时候是激进，但 20 年后的今天还这么提就是保守了。而对于追求卓越的雷军看来，他理想中的金山甚至可以没有软件——按以前的踢法，费了那么大的劲才进了一个球，有必要迎合世界 IT 运动发展的趋势进行革新。你看人家腾讯过去起步比我们晚，结果人家学习欧美先进打法后，世界杯都进四强了。

中国足球要与国际接轨不容易，金山要与国际互联网新经济接轨也不那么容易。

关于金山上市后董事会是否真的拍板决定未来方向我不清楚，但我们看到的结果是，就在金山上市后的72天，曾经雄心勃勃的雷军就以“健康原因”辞去CEO、总裁的职位，只保留副董事长和执行董事之职。

这个“健康原因”已经成了下课最常见的理由了，简直就和天气预报中的“局部有雨”一样，反正说不清的东西装在里面就是了，这个你懂的。

不过如果我们从另一个角度看，在金山的16年中，为了踢进这个球，雷军每天工作十几小时。如果不换一种踢法，给雷军一个新的目标，而是让他按过去的方式，每天工作十几小时工作16年，没有病也要累出病来。

所以，雷军在将金山推送上市之后，实际上是一颗红心，两种准备：一是希望能像当年说服董事会转型网络游戏一样，说服董事会再度转型，在这种情况下还可以干几年；如果无法达到这一目标而是继续走原来的老路的话，与其再干下去累出病来，还不如先行称病。

哪怕对未来的发展有着更多的想法，但在上市之前还是兢兢业业将自己放在职业经理人位置上，按照最高指示，将企业带到上市之后才做决定，从这个角度说，雷军是真男人。后来有人将雷军的离职当做逼宫要董事长位置的以退为进，但从雷军16年辛辛苦苦对抗微软，将金山拉扯上市的表现看，雷军问心无愧。也就是说，雷军所做的那是为了金山能按自己的设想有着更好的发展，就算有所图，那也是阳谋。

同样，从另外两位大股东求伯君和张旋龙的角度出发，虽然雷军的离职发生在金山上市之后不久，这不是鸟尽弓藏，也不是卸磨杀驴，而是因为性格和管理风格的不同导致的碰撞形成的最好结果。就像《非诚勿扰Ⅱ》中，李香山和芒果的离婚典礼一样，散买卖，不散交情。

所以，如果将这样的场景放到一部影片中，所配的音乐应该用我开头提到的那一首《天下没有不散的筵席》来做背景音乐：

所以我们不要哭泣，所以我们不要回忆过去。

所以我们不要在意，所以我们不要埋怨自己。

（这首歌中的佤族伴唱，同样也是雷军的写照。）

如果你爱上哪位姑娘，一定要好好保护她。

（——在过去的16年中，雷军一直是保护金山的骑士。）

如果有人想伤害她，你要用弓箭去射他。

（——在2010金山最危急的时候，雷军重回金山一线担负起拯救金山的责任。）

这是后话。

天下没有不散的筵席。虽然雷军在2007年交出总裁和CEO职位时，未必将一切完全想清楚，但在金山的16年里，他为争第一的目标努力过，虽然效果并不明显。而金山上市的阶段性成果达成后，雷军也不希望还是陷在勤奋和努力但收效不大的循环中，而是希望通过反思，找到新的方向，真正让自己有机会与后起之秀们一争天下。

就这样，雷军卸下了总裁和CEO的位置，卸下了金山所背负的民族使命，卸下了金山的数千员工和上亿的利润。他放弃了这样的一个平台，趁着刚刚和牌的好手气转台，去另一个地方搭建一个更符合自己想法的平台，找另一群人重新洗牌，听一手更大的牌，去做一个更大的机会。

努力吧，如同伟大领袖在《共产党宣言》中的伟大预言：失掉的只是锁链，而得到的将是整个世界！

## 从CEO到天使投资

方向决定结果。例如说，同样是个B，你一路向北能变成NB，撞破南墙不回头，就只能当个 SB。

类似地，2010 年，雷军在微博中写道：过去的三年每天都在反思。一日梦醒才明白：要想大成，光靠勤奋和努力是远远不够的。

不要小看了这句话，这不单单是三年反思的结果，更是对之前 16 年的一个总结。如果你能够真正理解这句话，你就等于拥有了雷军 19 年的经验。同样，这也预示着做投资人的雷军和做职业经理人的雷军的最大不同：方向。

金山的错误方向，毫无疑问是雷军那么努力但是不能大成的原因。

雷军想要大成，而要大成则需要一个平台。如果雷军选择金山作为平台，其优势是起点高、有现成的团队；但劣势在于，金山这样一个已经成立了 10 多年、已经动起来的公司，有着强大的惯性。哪怕雷军对金山已经无比熟悉，但是真正要改变金山的基因，这仍然是一件相当困难的事情。

还好，现实替雷军做了决定，雷军最后也放弃了金山这个平台，从零开始重新打造最适合自己需要的平台。很快雷军就宣布，在离开金山后将投入到天使投资的伟大事业中去。

借用百度百科的解释：

天使投资（angel investment），是权益资本投资的一种形式，是指富有的个人出资协助具有专门技术或独特概念的原创项目或小型初创企业，进行一次性的前期投资。它是风险投资的一种形式，在根据天使投资人的投资数量以及对被投资企业可能提供的综合资源进行投资。

天使资本主要有如下来源：曾经的创业者；传统意义上的富翁；大型公司的高管；在部分国家，政府也扮演天使投资人的角色。

俗话说，有钱能使鬼推磨。但当天使投资只是有钱是没有用的，相反，钱是最容易解决的东西。像我们熟悉的另一位天使投资人李开复老师，在从 Google 离职后，一个月内就有数亿资金到账给他投项目；同时，创新工场还建立起了强大的团队，出人出钱出经验，帮助初创企业解决各种各样的疑难问题。

这才是创新工场的核心竞争力。

但是在雷军刚开始做天使投资的时候，他的条件要比李开复差得多。钱的方面和李开复肯定是没办法比的，而在人的方面，雷军几乎就是净身出户，不带走金山的一片云彩。

但雷军还是把握住了机会，今天的他之所以会成为天使投资人中最突出的一个，与其自身的眼光、人脉和行业积累有关。

雷军是做IT最早的一批人，自身又懂技术，又有管理经验和行业经验。他在金山先后也进入过不下20个项目，看了太多成败，拥有很多经验和教训，培养了他在所处行业中的独特视角和眼光。

比起在金山当一把手时事无巨细的风格，当了天使投资人的雷军少了对眼下业绩的关注。用他的话来说就是，“我只帮忙不添乱”。增加了长远的战略思考和更宽阔的视野，这使得雷军经验丰富的优势能够发挥出来。

再说雷军的人脉与行业积累，除了出道早、资格老的优势之外，金山的背景也占了很大便宜。一方面，金山高举民族软件大旗那么多年，不管做得如何，无论白道黑道，都要竖起大拇指，叫一声好汉。而金山一直处于一种有影响力但做不大的状态，因为有影响力，与各个派系都能搭上话；因为做不大，也不会成为几个主要势力的主要对手，真要有什么江湖恩怨也不是主要矛盾，自然能做到左右逢源。

不过，这只是雷军能做好天使投资的充分条件。有一句话说得好，不想做裁缝的厨子不是好司机，像雷军那么多优点，做很多事情都能发挥特长，为什么选择了天使投资？

先看主观原因。雷军是抱着一个博更大的机会的想法离开金山的，但什么是比金山更大的机会，或许对刚离开金山的雷军来说并没有完全想清楚。

做天使投资可以见到更多的项目，了解不同领域存在的机会，从中找到自己的方向。更重要的是，对于已经在中国互联网行业摸爬滚打了10多年、受盛名所累的雷军来说，离开金山只能成功，不能失败。做天使投资可以有一个缓冲，将自己从前台转到幕后，避免了一二三直接摊牌比大小定输赢的尴尬。如果没成功，没关系，不说不就没人知道了嘛。

再看客观原因。2007年的中国互联网，已经不是当年跑马圈地的年代，雷军这个时候再想做点什么事，也就是赶了个晚集。但做天使投资则不然，在雷军离开金山那个时候，几乎正是天使投资的春天。

2005年11月15日，国家发改委、科技部、财政部、商务部、中国人民银行、国家税务总局、国家工商行政管理总局、中国银监会、中国证监会、国家外汇管理局等多个部门联合发布《创业投资企业管理暂行办法》，这一办法于2006年3月1日正式实施。如果要做一个类比的话，这个文件在投资界来说堪比1979年的"画了一个圈"和1992年的"谱写下诗篇"，而中国的天使投资也因此进入了一个百花齐放的繁荣时代。

还有一个原因，这个原因既是主观原因，也是客观原因，甚至我认为，这是雷军做天使投资最重要的原因。那就是：雷军没有太多的钱，他的选择余地其实很小。

这听起来有点不可思议：在雷军离职的时候不是号称身价3亿吗？怎么会没钱呢？

咳，关于媒体大肆宣扬的数字，大家随便听听就算了。那个号称10亿身价的打工皇帝，还不是给方舟子抓住西太的文凭弄得灰头土脸，还好方舟子没有在身价值不值10亿元上继续纠缠，否则还会给这老兄喝一壶的。

让我们来算一算，雷军在金山工作16年，这段时间金山没有上市，而在整个IT行业，金山的工资是比较低的；2007年金山是上市了，但是作为金山的第三大股东，雷军所持有的股票肯定是限售的，就算不限售，如果雷军进行大规模的套现，肯定会引起市场的恐慌。后来有人也问过雷军做天使投资的资金来源，雷军的回答是：炒股赚的。

这个回答分明就是打哈哈了，不过我们也大概能够推出一些来龙去脉。雷军曾经办过卓越网，后来把卓越网高价卖给了亚马逊，这应该是雷军的第一桶金。

说是第一桶金也不准确，准确地说应该是大半桶金。因为根据我国法律，这种收入是要交税的。如果按一次性所得，那么要交掉20%的税；如果按年终奖累进，估计税率要到40%～50%，小半桶金就这么没了。

按我的估计，交税之后雷军应该也还有几千万人民币的收入，但雷军可能也有别的用钱的地方啊。金山工资不高，就指望着卓越网套现了改善生活呢，说不定雷军早就在合计，等咱有了钱，豆浆买两碗，喝一碗倒一碗，房子买两套，住一套租一套呢。

这么算下来，雷军手上可做天使投资的现钱真的不多，估计也就一两千万的样子。后来雷军投资的几个项目浮出水面，其中包括拉卡拉、多玩、UCWEB等。这几个项目都是雷军还在金山时期投的项目，毫无疑问，这些钱都是来自于卓越套现的收入。一开始的时候可能还能投多一点，到了投UCWEB的时候，却只能自己投200万元，然后找来朋友另外投200万元，说到底还是手头紧了。

所以我们现在回过头去看雷军卸任金山的职务时，未尝也不是为自己留了后路，在做CEO的时候也在做天使投资。而这句话反过来说也是对的，后来雷军不做CEO去做天使投资时，也是与人们印象中天使投资人的超然风格大不相同，而是把做天使投资当做CEO来做。除了雷军的劳碌命外，也和他之前的CEO与天使投资人混搭风格有关。

虽然雷军自己也说过，做天使投资人的最高境界是当“甩手掌柜”，但是雷军却一面利用自己的经验为投资的公司出谋划策，甚至有时亲自上阵。毕竟,在金山工作16年,“产业报国”思想已经根深蒂固,即使是现在做天使投资,也只是手段并非目的,这也是雷军与其他天使投资人不同的地方。

在投资行业,像雷军这样把天使投资人很认真来做的简直是凤毛麟角。如果要再举一个例子,那只有奇虎360的董事长周鸿祎。巧合的是,这两人都属于中国第一代程序员,都是从做企业到做天使投资,口才和执行力都非常强,无论是做企业还是做天使投资都想掌控全局。从各个角度看,周鸿祎和雷军,相互之间就是“既生瑜,何生亮”那种一生的对手。

关于这两个人的对比,在本书的其他部分中我们会专门提及。

做天使投资人的雷军和做职业经理人的雷军还有一个变化,那就是更加现实了。其实这种变化在金山转型做游戏的时候就有体现,当时金山推的是武侠风格的《剑侠情缘online》,如果还是按照金山之前的风格,高举民族软件大旗推出什么“地道战”,那估计怎么转都没戏。

同样,比起在金山时把微软当竞争对手的目标,在做天使投资时雷军要现实得多,并不说投项目要冲着微软那个级别的目标去,而是提出了“及格公司”的概念。按雷军的说法,一个“及格公司”应该满足三个条件:现在估值到1亿美元,IPO后市值能到10亿美元,某细分市场数一数二地位。

相对于微软,这样的公司当然只能叫及格公司,但在已经过了跑马圈地时代的互联网环境中,这样的公司已经很不错了,再加上时机得当,这个细分市场什么时候突然爆发(例如前几年的SNS和微博),还是很有想象力的。

除此之外,雷军在投项目的时候还有几个原则,分别是大方向很好,小方向被验证,团队出色,投资回报率高。由此看来,雷军毕竟是在和微软的游击战中打开了眼界,虽然口头上说的是“及格公司”,但从绝对标准上看一点也不低。

对大多数人例如我来说,有一家像这样的“及格公司”,那么后半辈子多半是三饱一倒,没有什么追求了。但对志向远大、崇尚卓越、遇事永远争第一的雷军来说，一家10亿美元级别的及格公司远远不够。

之前我们提到，雷军本身还是有一种做产业的情结，做天使投资只是手段，是为了通过天使投资，找到一个合适的平台，重新回到中国互联网的第一线。他所要一争长短的，是腾讯、阿里巴巴、百度这样的对手，要和这些巨头一起，坐到一张桌子边，以平等的身份坐而论道。现在的BAT三巨头都是几百亿美元级别的公司，要想和他们平起平坐，一家10亿美元公司当然不够，如果你的公司值个三五十亿美元的，倒还能买到一张入场券陪着他们玩一玩。

雷军采取的策略是，质量不足数量补。

一家不够，那么多弄几家。

这句话说起来简单，但做起来难。赵本山都说了不差钱，更不要说那些能研究清楚货币发行量和CPI关系的投资界精英了，这个世界最不差的就是钱，差的是好项目。

可当时，雷军的问题就是差钱。

而且不同于一般的天使投资人，雷军是把天使投资人当职业经理人来做的，经常一不小心就冲到了第一线去。这样做出来的10亿美元公司虽然要劳心劳力一些，不过话语权和影响力自然和那些躲在幕后只管数钱的投资人不一样，至少可以算得上半个自己的公司。

我数了一下，雷军目前这样的10亿美元规模的“及格公司”已经有五六家：凡客诚品、UCWEB、金山、多玩、小米。当然，这里面有的公司在他从2007年从金山出来之前就有布局，再加上在这些公司中不是所有的公司都是又出钱又出力，我们给打个5折，他每年自己也要亲自操刀弄出一家可以以创始人身份自居的10亿美元公司。

如果几家公司能够成功上岸，这将是一项非常了不起的成就，在中国互联网可以算是前无古人。放到互联网最发达的美国，亲自创立了3家10亿美元上市公司的也只有一个人，那就是美国互联网的老前辈吉姆·克拉克。在20世纪，这位老兄以创始人身份，弄出了硅图（SGI）、网景（Netscape）、永健（Healtheom）3家10亿美元上市公司。而像吉姆·克拉克在网景的搭档，被媒体称为硅谷之王的马克·安德森，虽然在Facebook和Twitter两家超级明星公司中也有着他的影子，但毕竟不是在第一线冲锋陷阵。

不过，在那么多“及格公司”中，雷军还是有所侧重的。而在这样的侧重中。我们也可以看出雷军对未来的一些思路。

## 世事如棋

在大学的时候，我曾经打过系围棋队的三台（顺便说一下，我们系一台非常强，曾经代表扬子晚报队打过晚报杯）。之所以喜欢围棋是因为围棋的奇妙无穷，尤其你在某个地方落下的一个子，而对方没有能看清楚你的意图，直到若干手之后，这颗提前布下的棋子才发挥决定全局成败的作用时，那种愉悦是难以形容的。

雷军的投资，也像在下一盘很大的棋。一开始投的几个项目，散落在若干不同领域中，看起来似乎只是一个个的单点，或者是因为纯粹的熟人关系的帮忙，但在几年后再看，会发现这些点之间已经在相互呼应。

让我们从雷军落下的第一个棋子看起。

雷军做天使投资的时间其实很早，第一个项目是2004年投的拉卡拉。虽然拉卡拉CEO孙陶然说雷军基本上相当于拉卡拉的半个创业团队，但这个时候的雷军的屁股还坐在金山总裁和CEO的位置上，所以更多的也还是在工作时间外在茶馆开会，探讨和摸索公司的创意和模式。对此，我曾问过拉卡拉干了好些年的一个兄弟，他说感觉雷军在拉卡拉应该是一个很幕后的人物。他对这家公司的作用不是孙说的那么强大，究竟是在相互抬轿子，还是老孙和雷军在茶馆开会的时候我兄弟没资格参加，那就不得而知了。

不过可以确定的是，这个时候雷军的投资，更多的也还是友情出演的性质。包括稍后投的多玩，除了雷军看好李学凌非池中之物，应该说也还有当年金山和网易相互策反对方骨干给对方下绊子的因素在内。搂草打兔子，一点功夫也不耽误的事，当然会干。

而现在，多玩在雷军的体系中发挥着重要的作用。这个在很大程度上是当初雷军为了狙击丁磊而在局部做的交换，却变成了后来雷军借以撬动全局的天下劫，世事果真如棋。

到后来雷军从金山破门而出，没有了屁股决定脑袋的羁绊，自然步子会大一些。我们分析过，雷军做天使投资，是因为借助天使投资可以让他看到很多成长很快的领域、找到愿意听从他意见、让他手上不多的钱收益最大化、减少失败可能的人，帮助他回到中国互联网的桌子旁。

这段时间雷军全力突击的两个项目——凡客和 UCWEB，对应的正是雷军看好的两个方向：电子商务和移动互联网。在这两个项目上倾注的精力和把控程度，也绝非之前玩票性质的公司所能比。

做凡客，毫无疑问是弥补卖掉卓越当年有机会争第一但没有做好的遗憾。凡客的陈年是雷军在卓越的老搭档，如今重操就业，可谓驾轻就熟。而之前投的拉卡拉，也可以看做是做电子商务的基础设施，一个先行一步的布局。

UCWEB 则是另外一种逻辑。2008 年，雷军担任 UCWEB 董事长，这是雷军在卸去金山总裁和 CEO 职位后第一次在另一家公司中担任职位。2008 年到 2009 年上半年，应该是雷军对 UCWEB 最为看好的时候。这个时候，雷军甚至声称，UCWEB 有可能成为下一个 Google。

但随后情况又发生了变化，雷军慢慢地淡出了 UCWEB 的管理。如果你今天到 UCWEB 网站看，会发现董事长一栏又换回了俞永福的名字，但这样的交接是在什么时候低调完成的，我完全没有印象。

毫无疑问，雷军是看好 UCWEB 并将其当做坐到中国互联网桌子边上的第一个平台的，为何最后又半途而废了呢？

我的结论是：通过 UCWEB，实际上无法达到雷军回到桌子边上的目标，即使这个时候对 UCWEB 的看好，也可能是为了退出做准备。

一种猜测认为，雷军在 UCWEB 的股份过低，无法控制 UCWEB 的未来。关于雷军出了多少钱、拿了多少股份，在多篇新闻中基本是一致的：雷军和几个朋友共同出资 400 万元投资 UCWEB，其中雷军自己出资 200 万元，占公司 10％的股份。

随后 UCWEB 还有几次融资，也进一步稀释了雷军的股份。比较大的一次是 2007 年 8 月，晨兴和联创策源共同投资 1000 万美元，获得 UCWEB 28％的股份。关于这段经历，雷军 2008 年在“IT 龙门阵”上提过，后来被媒体总结为雷军在 UCWEB 的 6 个月，从零到融资 1000 万美元，具体感兴趣的同学可以去搜一下。

应该说这轮融资雷军起到了关键性的作用，我查了一下当时的外汇汇率，1 美元兑换 7.6 元人民币，换算下来 UCWEB 的盘子大概是 2.7 亿元人民币，半年内公司估值增加 10 余倍。不过这轮融资过后，雷军拥有的 UCWEB 股份就不到 10％了，只能算是小股东。

小股东也没关系，UCWEB 最初的两个创始人梁捷和何小鹏相对来说比较弱势，对外也只是挂着 VP 的头衔，也愿意接受雷军的指导，这自然给了雷军更大的空间。

但另一位关键人物，从联想投资出来折腾的俞永福可能不会那么想。俞永福给人的印象是一个有张力、有想法的人，虽然他也认可雷军，和雷军有着不错的关系，但这个人是想做驾驶的人，对于 UCWEB 这部跑车来说，很难有两个司机。

关于俞永福与雷军的关系，按雷军的说法是认识多年的朋友。最初俞永福负责UCWEB的项目，但最终在联想投资过会时没有通过。当晚俞永福找雷军喝酒，把雷军忽悠动投了这个项目，而雷军反过来又忽悠俞永福，说投资有一个附加条件，俞永福必须从联想投资出来做CEO。而一年后俞永福又反过来忽悠雷军挂帅出任董事长。这样的一来一往，蛮佳话的。

不过连亲兄弟都要明算账，所以当初的一来一往实在算不了什么，到了关键时候，还是要靠实力说话。

对内如此，对外也是如此。

UCWEB的崛起，是看准了手机浏览器的这一细分市场和为用户省流量的需求，但是随着UCWEB的做大，另一个大玩家也开始切入这个领域。

腾讯来了。

这是腾讯的惯用伎俩，当一个新兴市场的先行者做好了教育用户的工作时，剩下的就是腾讯的表演时间了。UCWEB开始受到冲击。至少，雷军说过的“UCWEB有可能成为下一个Google”的提法，现在看起来也没那么可靠了。

2009年6月，UCWEB在腾讯正式推出手机浏览器之前，敲定了与阿里巴巴集团、晨兴投资、联创策源共三家机构1200万美元的战略投资。据说这个时候，UCWEB的盘子已经有1.5亿美元左右，比起最初2000万元人民币的盘子，雷军的投资涨了50倍（2009年6月美元兑换人民币现汇价在6.82左右）。

是时候了，见好就收吧。

虽然后面还有诺基亚的一轮投资，我相信，如果雷军在这个时候减持套现，应该也是一笔不错的生意。一方面，他在UCWEB的机会已经不大，再加上已经获得了50倍的回报，可以抽出钱来做其他项目，何乐而不为。

顺便说一下，雷军做投资很有计划性，也是一个对自己一直有高要求的人。甚至有说法他每年要求自己要投一家10亿美元级别的及格公司，对应地，雷军每年也要有千万级别的投入。所以雷军可能会从较早的项目中部分套现，继续投入到他更看好的项目滚动起来。不知道这次雷军是否将手中的UCWEB股票大部分套现，不过我相信到了诺基亚进来的那回，雷军应该卖得差不多了。

让我们再来复盘，假设最初雷军不是囊中羞涩只能投200万，而是投500万占到25%的股份，那么对UCWEB的掌控力就会大大加强。虽然或许也会部分套现，但会让雷军坚定将UCWEB打造成自己需要的平台，而不是像现在用来做了钱生钱的工具。

还是那句话：钱不是万能的，但没有钱是万万不能的。

虽然在UCWEB上套现，但雷军在移动互联网仍然有相当的实力。除了UCWEB，雷军还投资了手机社区门户乐讯。据说移动互联网知名组织长城会背后也有雷军的身影。加上最近浮出水面的小米，也能确保雷军在移动互联网上的位置。

不管怎么说，凡客和UCWEB的成功对雷军来说不仅仅是两个重要的成功案例，更重要的是帮助雷军确立了自己的位置。都说隔行如隔山，想来雷军刚进入天使投资领域的时候，心中多少还是有点惴惴不安的。虽然自己过去做企业做得不错，但是在这个领域还是菜鸟一个。但是在这两个成功案例后，雷军找到了自信心：过去我没有做过天使投资不重要，重要的是我比很多投资商有眼光，有判断，对创业者更熟悉。

翻开对这两家公司的报道，我们会发现，2008年是这两家公司最能出新闻的时候。雷军投资这两家公司背后的故事满天飞，如果你稍微敏感一些，就会发现，这是一场对个人形象的成功营销。

这样的手段，其他投资者是不会的，只有做企业做了16年的雷军能够驾轻就熟。

2008年年底，雷军荣获“2008年度天使投资人”，这使得雷军成为天使投资的中心人物，从而有更多的项目主动向雷军靠拢（当然除此之外雷军还有送手机等手段，如从多玩出走的178创始人张云帆都拿过雷军送的手机）。接下来，从UCWEB的套现，又解决了钱的问题。而在每个项目中，雷军都会仔细选择合作伙伴，几个项目下来，与国内主流的创业投资都有了合作，雷军做事，果然是环环相扣、面面俱到。

It's show time.

接下来的，才是雷军真正的表演时间。

继UCWEB之后，雷军于2005年投资的多玩成为雷军的下一个平台。

前面我们说道，雷军之所以投资多玩，除了和李学凌的交情，还因为当时金山和网易的恩怨，可以借此达到削弱丁磊的目的。在此之后的4年时间中，雷军似乎对这颗棋子没有太多的关注。

雷军当然不会让这颗棋子成为一颗“弃子”。从他的工作经验来看，金山转型游戏就是雷军提出来的，并一举扭转了金山的不利局面，使金山成功上市，再加上游戏行业印钞机式的造血功能，雷军没有理由不做点啥。不过俗话说得好，养兵千日，用兵一时。最重要的棋子，往往是不会轻易动用的，而是要等一个机会。

这个机会就是YY。

YY并不是第一款定位为“游戏语音平台”的IM，在此之前的2008年，iSpeak横空出世，用户迅速增长。这个时候的多玩惊奇地发现，自己的核心用户几乎被iSpeak一网打尽，但是，iSpeak的用户，却有可能不是多玩的用户。

毫无疑问，对于定位于游戏门户的多玩来说，有一款类似iSpeak的IM，不但可以帮助自己维护核心用户，更可以像当年的腾讯一样建立起稳固的商业模式。如果少了这个 IM 工具，多玩最好的下场也只能做成游戏领域的新浪——在一时的辉煌后因为不能留住用户而逐步衰落。

多玩肯定是很想买 iSpeak 的，但问题是，多玩买不起。

2008 年的多玩情况其实不妙，而且还经历了严重的业务骨干流失。某游戏上市公司求购多玩未果，转而策反多玩业务骨干另起炉灶为自己服务，这就是后来的 178 游戏网。

常在江湖飘，哪有不挨刀。类似的事情，雷军在金山的时候也遇到过，当时在金山游戏获得成功后，丁磊策反走了《剑侠情缘 online》的主程赵青。结果两年后，雷军策反了网易《梦幻西游》的主策划徐波来创业。据说雷军还说了一句话："做企业，做人，必须要有报复人的能力"，看来老好人生起气来，后果也是很严重的。

但这一次，雷军并没有用"以牙还牙、以眼还眼"的简单粗暴手段反击，究其原因，应该是天使投资人的经历开阔了雷军的眼界，光盯着眼前砍砍杀杀是没有前途的，关键是要把自己做大。

2008 年 12 月，雷军的老东家金山以 800 万美元购买开发 iSpeak 的 Sky Profit 公司 30％的股权。此后据说 iSpeak 团队的人左手拿了钱右手就分了，心思也不放在业务上，iSpeak 就此沉沦。

当我了解到这一段历史时，我首先想到的就是日化行业中的小护士、美加净、蜂花等老品牌被跨国巨头买下后束之高阁、任其自生自灭的情景。买下 iSpeak 的虽非雷军也非多玩，但从结果来看却是惊人的相似。至于真相到底如何，还是等后人解密吧。

iSpeak 武功被废，这给了多玩 YY 迎头赶上的机会。

2008 年下半年，雷军说服了晨兴创投的刘芹（晨兴也是多玩和 UCWEB 的投资者），将晨兴投的一个做 P2P 企业服务的团队合并到多玩。之后的多玩开始全力兵分三路：一路继续做门户业务，一路做游戏联合运营，再有一路做 YY。在雷军的力主下，YY 成为独立的事业部，多玩 CEO 李学凌亲任 YY 事业部总经理。一年后，随着 YY 的迅速发展，李学凌更是全力突击 YY。

毫无疑问，在从 UCWEB 套现之后，雷军选择了游戏行业作为其实现自己抱负的首选平台。除了多玩外，他还投资了小游戏网站 7k7k，作为对多玩的拱卫；同时在雷军的推动下，多玩 YY 语音与金山游戏达成合作，7k7k 游戏资讯网也与金山达成联合运营。

游戏门户（多玩）＋IM（YY）＋游戏开发（金山游戏）＋网页游戏（7k7k），雷军的大游戏布局终于浮出了水面。

而当雷军重掌金山，并促成可牛与金山安全地合并后，雷军在游戏方面的布局就引来了更多的猜测：在未来，雷军是否会如同金山安全一样，将这些公司合并成一个新的游戏公司？

这种可能，在理论上确实有。

如果这一猜测最终成真，先从各自的估值看，多玩的 YY"小腾讯"的概念很强，这使得多玩现在已经是一家 10 亿美元级别的公司；金山公司现在的市值接近 10 亿美元，其中大半是金山游戏；而 7k7k 大概也能顶半个 4399，总体加起来就有 20 多亿美元。再加上协同效应，这或许是一家与盛大同级别的游戏公司，将会改变中国游戏行业的格局。

2011 年新年伊始，有文称 3Q 大战最大的玩家是雷军，到现在，腾讯仍然在使用大量广告资源全力推广"QQ 电脑管家＋金山毒霸"的"黄金组合"。而原本被腾讯视为心腹大患的多玩 YY 和 UCWEB，在 360 一跃成为腾讯的最大敌人后，所承受的压力也由此大为减轻。文章的最后作者引用雷军部下的话说："雷总正在下一盘很大的棋，布局很大，不是你我能看清的。"

是的，这并不是全部。

小米的浮出水面，也反映出雷军下的是一盘更大的棋。小米一上来就是 2 亿美元的估值，势头远比其他几个公司来得凶猛。而雷军自己的工作安排也变成了“小米6，多玩3，金山1”，雷军亲自担任小米的Leader，每天工作12小时，重新找回了当年在金山当劳模的状态。

但即便如此，谁也不敢说小米就是雷军最后的平台，谁知道往后的雷军是否还会如同之前的UCWEB、凡客等项目一样，通过不断倒手，像滚雪球一样壮大自己，将资金和资源整合到其他更有希望的项目中呢？有一句话叫做“不要低估一颗冠军的心”，更何况，我们所说的，是“永远争第一”的雷军呢？

TABLES

第六章

# E：战争之王周鸿祎

儒以文乱法，侠以武犯禁。

——如果让儒生学了武术，侠客学会讲道理呢？

那就真的谁也挡不住了。

在我看来，在中国的互联网中，周鸿祎就算不是最能将文武之道结合在一起的人，至少也是其中之一。周鸿祎是正儿八经的名校出身，硕士头衔，但在行事风格上却带着一股不按牌理出牌的草莽之气。两相结合的结果是，在中国互联网中，少有能挡得住周鸿祎的人物。

不不，多大的公司也不行，就连腾讯也不行。

在3Q大战中，许多媒体都做过“支持360还是支持腾讯QQ”的调查。在接受调查的人群中，总体来说还是支持360的要略多（腾讯将之归于360动用水军）；而在公司层面，明面上有5家公司在支持腾讯。但按新浪访谈室2010年11月4日“某互联网资深人士”的说法，腾讯成功得太快，他坐上老大的位置但没有按照老大应该的行为方式做事，所以他得到了整个行业其他人共同的反感和反对，应该有更多的公司是暗中支持360的。

但不管支持谁，另一种说法颇具代表性：因为腾讯太强大，如果360获胜，至少还能制约一下腾讯。反对意见随之而来：如果360连腾讯都能够搞定，那么谁来制约360？

在腾讯的发布会上，说到动情之处某高管“潸然泪下”。在解释腾讯为什么打不过360时，马化腾说，360安全软件是一个电脑的底层软件，而腾讯QQ属于应用层软件。所以对于360的咄咄逼人，腾讯QQ没有还手之力，最终只能“做了一个艰难的决定”。

而360之父傅盛的补充说明似乎也可以证明这一点：从逻辑上，360可以通过调整服务器上的规则，让用户端的360安全卫士“云查杀”杀掉任何应用软件。

这毫无疑问是一件核武器，对于其他应用软件来说，一种不受任何约束的强大力量将是危险的。而历史告诉我们，任何不受约束的力量都会有蜕变的危险，对它们来说，又该如何自保？

在3Q大战中，恐怕大家最希望看到的是360与腾讯的两败俱伤。但是由于先天的原因，使得拉锯战变成了闪电战，至少在这个回合，腾讯占不到便宜。但这不意味着，在持久战中，360就一定天下无敌。

在起点有一本叫《间客》的网络小说，其主角许乐与周鸿祎有一定的相似之处。同样的工程师身份，同样近乎天下无敌的战斗力，同样的不会妥协，同样的不喜欢受约束，同样有着自己的信仰，遇事习惯以自己的道德准则来下结论，然后，像一块石头一样，用自己的方式去解决问题。

所谓艺术，是来源生活但高于生活，而现实中总有各种羁绊。一本不错的小说，能让读者或有所思，或有所乐，或有所悲，或心有戚戚焉，但读者不能化身为个性鲜明的主角。周鸿祎的处境与许乐的处境也有着一定的相似之处，但是，现实不可能如同小说一样，安排一个所有人都能满意的结局。周鸿祎毕竟不是许乐，或许，用最后的道德力量来约束这种强大力量，可以自然而然地出现在小说中，但未必会出现在现实里。

但从另一个方面来说，我又希望所有掌握了强力破坏力量的人成为像许乐那样的思考者。毕竟，破坏一个世界容易，建设一个新世界要难得多。现在的问题，已经不在于周鸿祎是否有能力这样做，而在于为何而战。同样，对周鸿祎来说需要真正明白自己通过战争能够达到的目标，而不是一味地为了战斗而战斗。明白了这一点，才能更好地做出结论，给这股力量安排什么样的结局。当然，如果当事人愿意思考如何把这股破坏的力量变为建设的力量，则中国互联网幸甚。

让我们接着看下去吧，好戏才刚开始呢。

## 时不济兮骓不逝

俗话说，树的影，人的名。

一个人的名字可能起错，但外号一定不会错。

例如奇虎360的董事长周鸿祎，就有好几个外号，如“野蛮人周鸿祎”、“红衣大炮”。还有人形容，“马中赤兔，人中吕布，互联网之周鸿祎”，说的就是周鸿祎在解决问题时的直截了当，以及在互联网行业单挑天下无敌的战力。就连像腾讯这样的巨头，在3Q大战中都没有能从360和周鸿祎身上讨到好处。在3Q大战后，不管周鸿祎的反对者承认不承认，在未来决定中国互联网命运走向的那张桌子旁，已经有了周鸿祎的位置。

与我们前一章提到的雷军一样，周鸿祎的原籍也是湖北。和雷军一样，周鸿祎也是程序员出身，同样的注重细节和把控，同样的聪明和能言善辩，但在他身上，我们还是看到了不同于雷军的九头鸟特质。

这在很大程度上决定了两人不同的道路，即所谓的性格决定命运。

周鸿祎给人的印象是一个好斗、爱折腾、不按常理出牌的人。这种性格最早要追溯到周鸿祎的幼儿园时代，据周自己的说法，在幼儿园的时候永远都是打架，每天回家都被打伤，回家被家长打，回幼儿园继续打，打不怕。

如果说金山员工不服输的性格是在与微软的竞争中后天养成的，那么周鸿祎的这种性格则是天生的，而不按常理出牌更多是后天形成的。高中的时候，周鸿祎读了一本叫《硅谷热》的书，特羡慕里面的境界，到了大学就开始自己办公司，与三教九流一起打过混过，这也养成了周江湖气息浓、目的导向的风格。说起来这与之前章节中提到的百度将中国国情利用到最大化倒是有些类似，但在这方面，“海龟”的招牌似乎比“土鳖”好用，至少在第一印象上，会有不少人认为周鸿祎是个只会逞匹夫之勇的“野蛮人”。然而如果你看过周鸿祎 2008 年对 Google 推出 Chrome 的意图的分析，而这些分析在之后的两三年中被一一印证，你会发现，周鸿祎绝对是一个被低估的人。

从 1998 年创办 3721 起，周鸿祎质问过 CNNIC“是官是商”，和百度为抢地址栏打过官司，在雅虎与杨致远闹翻继而与马云相互“封杀”对方，和瑞星、金山、卡巴斯基打过口水仗，尤其是对金山，42 条微博将金山股价打下 6 个亿，而比较近的大事件，则是开篇的 3Q 大战。

这已经超出了周鸿祎说的受《硅谷热》启迪的范畴，至少在我印象中没有哪家硅谷公司能像周鸿祎那么折腾。

2004 年、2005 年的时候，周鸿祎折腾的动静比较大，所创办的 3721 卖给了雅虎，个人也担任雅虎中国的总裁，在雅虎内部进行了一场声势浩大的革命。因此，也连续两年被评为“IT 十大风云人物”。

当然，现在各种评选越来越多，就连“IT 十大风云人物”这样听起来那么正式的名头，在网上搜索时也都存在各种各样的版本，但这多少能说明周鸿祎在那两年闹出的声势。

这一折腾最终以马云接手雅虎、周鸿祎做天使投资告一段落，从折腾的结果看，周鸿祎说什么也不会满意。

更何况形成鲜明对比的是百度，就在周鸿祎与杨致远闹翻离开雅虎之后不久，当年与周鸿祎抢过地址栏打过官司的百度，施施然地在纳斯达克上市了。

而且这一上市就得到了资本市场的追捧，在美国这样的投资市场，好不容易有一个中国加搜索那么好的概念的股票可以投机，于是百度就这样一骑绝尘，到现在总市值直奔400亿美元而去。

那个时候的周鸿祎或许不会预见百度的今天，就连百度上市后，周在一次记者采访中建议大家不要着急，先看看雅虎、微软、Google以后的动作。只要能够本地化，在搜索领域，他不认为像百度这样的本地公司有多大的优势。在他看来，将3721卖给雅虎在当时还是值得的，只是这两年白折腾浪费了时间而已。

所以，周鸿祎当时把3721卖给雅虎，归根到底还是底气不足。虽然周鸿祎在国内这一亩三分地上谁都敢惹，但到底还是被进入中国的国际巨头唬住了，没有和它们交锋的决心。也就是说，周鸿祎虽然厉害，但也是内战内行，外战外行。但事情的发展却是，雅虎、微软、Google都没能做好本地化，而是被熟悉巨头套路的海归李彦宏杀了个片甲不留。

周鸿祎的失策在于他在做沙盘推演的时候出现了根本性的错误。他在分析对手的举措的时候不是按照常规去推理，而是将对手当做周鸿祎——也就是说，他觉得如果自己在雅虎、微软、Google的位置，对付3721和百度的方法随手拈来，所以他才会觉得本地公司优势不大。但他却没有想到，虽然说大象理论上也会跳舞，但那么多年来会跳舞的大象也就出了那么一两只，而且就算能跳舞，跳得肯定也没有自己好。而李彦宏或许没想到周鸿祎的那几招，但他的眼界要比周鸿祎高一些，也懂得如何按巨头们的正常反应来进行推演，从而抓住对手的破绽一举成功。

就像老鼠妈妈说的：现在，你知道学习一门外语是多么重要了吧。

周鸿祎一向以“土鳖”自居，而土鳖和海归的不同，就是像周鸿祎这样的草莽英雄，从大学开始就做公司，又和三教九流的人打交道，使得其江湖经验足够丰富，在达成目标的这个点上足够强，但在全局上却有所欠缺。这也反映在周鸿祎做事的风格上，他往往是将所有的力量聚集在一个点上，强调单点突破，在一个地方持续攻击打开缺口，搅乱对手，从乱中取胜。

离开雅虎之后的周鸿祎一度宣称要做天使投资人以期待更大的成功，或许是因为搜索给自己留下了遗憾，或许是在雅虎的经历不太开心，到了2006年，周鸿祎以投资奇虎的方式回归互联网。据说在周鸿祎离开雅虎的时候，雅虎与周鸿祎签订了竞业协议，但通过做天使投资方式迂回，使得雅虎没有一点办法。

奇虎其实和雅虎有着很深的渊源，出面收购奇虎的齐向东是周鸿祎在3721和雅虎的老部下，而后又因为马云对雅虎的改造，许多雅虎员工纷纷投奔奇虎。当然，这当中还有周鸿祎给原来在雅虎的部下打电话拉人的因素。

所以，奇虎在被齐向东收购后能马上提出“社区＋搜索”，这不是一个偶然。甚至有传言说周鸿祎还在雅虎中国总裁位置上的时候，就代表雅虎与奇虎的实体公司北京奇志浩天科技有限公司签过合同。关于这点，我们仅抱着提供信息的角度，请读者自行鉴别。

所以，我们看到的是奇虎和雅虎针锋相对：雅虎不是要从门户回归搜索吗？奇虎做的就是从搜索到社区和门户。而奇虎的名字也颇为值得我们研究，Qihoo，不仅与雅虎的Yahoo采用了同样的后缀，而且“Qi”的汉语拼音可以是“气”，气死雅虎，也可以是“骑”，骑在雅虎头上。

从这件事上可以看出，周鸿祎再一次找错了方向——在马云的策略中，雅虎中国只不过是阿里巴巴的一个帮手而已，根本不用去气或骑，说不定过几年就自生自灭了；真正要做社区＋搜索的，反而是几年前的老对手百度，名叫气虎是方向性错误，骑虎也许会难下。

但是既然周鸿祎想出一口在雅虎的恶气，我们也只能先随他去。毕竟对周鸿祎来说，气雅虎要比气百度容易得多。

周鸿祎将奇虎的方向定在“社区搜索”，一是在互联网信息流中，搜索作为信息入口的威力已经显现。而随着技术的成熟、Google和百度的上市，搜索引擎的门槛已经变得很高。就连像微软那样的巨头，丢了几十亿美元进去都没能听到一个响，周鸿祎手上的那点钱要全面铺开做搜索只是杯水车薪，只能另找切入点。

周鸿祎做社区搜索的第二个原因就是，Web 2.0 的浪潮刚刚兴起，2000年互联网疯狂的年代又似乎一下子回来了，而社区＋搜索的模式，正好符合当时 Web 2.0 的新潮流。

让我们翻看 2006 年奇虎的自我介绍是什么样的吧：

“奇虎是全球智能化的中文社区搜索引擎，致力于帮助网民从海量的互联网内容中便捷地获取信息；奇虎同时是一家专业搜索技术服务提供商，帮助各大社区、论坛增加搜索功能以及创新互动产品。奇虎与社区论坛创建共生、共赢的上下游产业链关系，共同缔造社区论坛搜索商业模式。”

对于这个“共同缔造社区论坛搜索商业模式”，奇虎的高管们也没有想清楚。在 2006 年的一次采访中，齐向东也只是含糊地说：“搜索引擎的所有模式，在社区搜索上都会有体现。”

这很符合周鸿祎不管三七二十一，做了再说的风格。

虽然当时 Web 2.0 的模式还不清楚，但不要紧，正是看不清楚才有机会。更何况，以周鸿祎乱中求胜的风格，就算有了定论也要把局面搅乱，现在的局势正合他意。

应该说周鸿祎对社区搜索还是寄予很高的期望的，从 2006 年 3 月奇虎获得 2000 万美元融资后推出的一系列产品就可以看出。

2006 年 3 月，奇虎公司推出“蜘蛛计划”，向 BBS 免费输出搜索技术，并发起“首届互联网社区大会暨新动力发展论坛”。

2006 年 4 月，推出 MP3 搜索。

2006年6月，推出博客搜索。

2006年7月，推出新闻搜索。

2006年8月，推出经验搜索。

2006年9月，推出生活搜索。

按周鸿祎的想法，自己有做3721的底子，得到过雅虎的指点，又有做流量的经验。现在先从社区内容聚合门户和搜索，做好了不仅能成为第二个百度，又能做中国社区的霸主，统领中国社区广告资源。但这个时候周鸿祎开始发现不对了，钱花得太快了，2006年3月刚融来的2000万美元已经用得差不多了。

这2000万美元，一方面是用于产品开发，因为Web 2.0是新的领域，在奇虎内部会有十几个项目同时开工，从不同方向去进行探索。另外就是周鸿祎按照过去做3721做流量的思路买了很多流量，但这些流量都是非主动流量，你的钱一停，流量就能马上跌几个台阶。

搜索果然是烧钱的活。

发现这样做不行，奇虎又在2006年11月宣布完成融资额千万级别的第二次融资，开始了新的尝试。这一次的精力放在了口碑营销上，2007年5月推出了“社区口碑营销平台”，甚至为做好口碑营销还购买了社区开放平台Discuz的股份，但也未能达到预期的效果。

这一尝试给中国互联网带来的改变，是一个叫做“十万水军”的词。当然，这个词好像不是什么褒义词。

奇虎失败的原因当然很多，例如Web 2.0的革命没有能够给中国互联网带来根本性的变化；奇虎也不能算是真正的Web 2.0，做的实际上还是Web 1.0时候类似新浪的工作，只不过更杂乱更琐碎；还有就是“口碑营销”的滥用带来的伤害……

不过我觉得，还是“气虎”起错名字、“骑虎”找错靶子惹的祸。在周鸿祎和奇虎向用户普及“社区搜索”之后，最终摘果子的是百度。继效仿 3721 推出百度搜霸后，百度通过推出贴吧、知道等社区产品，开始悄悄地抢夺奇虎“社区搜索”的地盘。现在要说起“社区搜索”，网民们想到的就是百度。

别看周鸿祎对社区搜索说得多，不叫的百度才厉害。

就这样，在折腾了两年之后，奇虎的“社区＋搜索”陷入了一个困局中，奇虎也几乎和当年的雅虎一样，奄奄一息。

按周鸿祎的说法，当时是胃绞痛，肠子都悔青了，幸好有 360。

这个被称为“幸好”的 360，最初只是一个无心插柳的项目。

之所以说是无心插柳，是因为奇虎在 2006 年 7 月就推出了 360，但在之后一年多的时间里，奇虎仍然是将“社区＋搜索”作为单点突破的突破口。而在奇虎做的诸多项目中，360 是人员最少的，工资肯定也不是最多的。

这一点或许从主管 360 的傅盛后来“20 万创业做可牛”的故事中可以看出来。当雷军问傅盛能拿出多少钱来创业，傅盛加上创业伙伴只能凑出 20 万元。如果是真的话，这日子过得够紧巴的。

所以，当初推出 360 的时候，其最初的愿望可能是为了消除流氓软件太多、不方便自己倒流量的影响，顺便打马云和雅虎中国一棍，给自己出一口气。之所以将“打马云和雅虎中国一棍”放在倒流量的后面，是因为当时市面上已经有超级兔子等查杀插件的工具，就连奇虎内部员工，都觉得 360 是一个小工具，实验性的项目而已。

但是事情的结局比周鸿祎预料的要好很多倍，雅虎中国反应很大。周鸿祎觉得这是个机会，主动高调承认过去做流氓软件是不对的，现在以实际行动弥补错误云云。随即就是与马云的互喷口水、“相濡以沫”，然后就是相互“封杀”。

这也符合乱中取胜周鸿祎的风格。

即便这个时候，周鸿祎还是没有把 360 当做一回事，甚至还说过“360 是公益项目可以捐给第三方"之类的话。但是形势比人强，在 2007 年，所有的业务都在停滞，只有 360 进步明显，此消彼长，奇虎的主要业务也开始转到 360 来。

## 骓不逝兮可奈何

奇虎的方向之所以会回到 360 的安全领域，除了 360 的不断成长成了奇虎的唯一亮点外，也还因为 360 对周鸿祎的胃口。

第一，360 是客户端，周鸿祎对此还是很有感觉的；第二，360 做的是网络安全，而网络安全的性质就是攻防，这也适合周鸿祎好斗的性格。

还有一点，就是周鸿祎在商海中不断搏杀的过程，其实就是一个不断学习、进步、壮大自己的过程。周本人对乔布斯演讲中曾经提到的"Stay Hungry，Stay Follish"很是认同。众所周知，苹果产品惊艳的美术设计就与乔布斯在大学时候旁听的课程有关。如果说乔布斯的灵感来自于其知识积累的广度，那么周鸿祎发现机会的能力更多在于其做事情的深度。这一次也一样，360 的成长让周鸿祎敏锐地发现，这一块看似不起眼的市场，有可能成为其整个体系的发动机。

如果说在 2008 年初奇虎一拆三的时候周鸿祎对其他两块搜索和口碑营销还抱有希望，那么到了 2008 年下半年，那就是明显地在向 360 倾斜了。

让周鸿祎将资源向 360 倾斜的导火索，与阿里巴巴的上市有关。

2007 年，阿里巴巴抢在金融海啸全面爆发前上市，创造了中国互联网历史上最大的一批富翁。当然，赚得更多的是阿里巴巴的大股东，比如说雅虎和软银。

与日渐西山、需要靠阿里巴巴的盈利来弥补亏损的雅虎不同，软银做的是投资生意，有了钱就必须花出去，如果留着钱在银行里吃利息，对软银来说，那简直就是犯罪。本着从哪里来、到哪里去的原则，揣着一大包钞票的孙正义，还是继续在国内互联网公司中寻找合适的投资目标。

最后孙正义的钱砸到了陈一舟的头上——2008年4月30日，千橡集团完成了新一轮总计4.3亿美元的战略融资，其中孙正义的软银向千橡投资3.84亿美元。

我掰着指头大概算了一下，4.3亿美元折合成人民币差不多有30亿元，如果全部换成百元大钞，差不多能铺满40万平方米。别说铺地板，把千橡的墙壁和天花板都算上说不定还有剩余；如果不铺地板而是捆起来砸着玩，30亿人民币总重量为34.5吨，能砸死不少人。

这样壮观的场景，一定把中国互联网刺激得不轻。

这当中应该也包括周鸿祎，据说就在千橡获得投资的第二天，周鸿祎就和360的负责人傅盛通了好几个小时的电话。具体讲的什么当然我不大清楚，但是不外乎就是类似狗日的运气怎么那么好，我们应该怎么做云云。

业界认为，软银之所以会投资千橡，看中的还是千橡当中最有价值的校内网。这一定也给了周鸿祎一个启发，是不是改个思路，将精力集中到360来，实现单点突破，进而带动全局，然后千秋万代，一统江湖。

如何实现单点突破？一年后在周鸿祎为作家克里斯·安德森的畅销书《免费》一书中文版做的序言中这样说道："事实上，过去十多年里，全球互联网几乎没有出现过一上来就收费并获得成功的案例。可以说，用免费的产品和服务去吸引用户，然后再用增值服务或其他产品收费，已经成为互联网公司的普遍成长规律。"

是的，免费。这是中国互联网行业一个颠扑不破的规律，历数中国互联网的三大巨头，都是选择了一个领域进行免费圈住海量用户，并靠增值服务来获得收入的。不过难点在于，知道免费的道理的人多了去了，但做出一款能够吸引用户的免费产品和服务，却是考验人的事；而且随着互联网巨头们力量的壮大，留给后来者的机会看起来越来越少。

然而，对习惯多问为什么、把一件事做深做透的周鸿祎来说，这却是他的机会。虽然从产值看，网络安全行业固然不能和IM、搜索和电子商务相比，但周鸿祎的目的不在于此，所以他能够用不一样的思维，颠覆这个行业，为自己营造最有利的机会。

而360所引起的江湖纷争，也由此而起。

360最初诞生的时候是作为一种清理流氓软件的小工具存在的，但在推出时为迅速打开市场，360采取了一种特殊的推广方式：与卡巴斯基进行捆绑，为网友提供半年正版卡巴斯基的使用权。

360要采取免费策略打市场，卡巴斯基也不会当雷锋。据说这是周鸿祎在雅虎时期与卡巴斯基曾达成合作协议但最终未履行的后续，360给卡巴斯基一定费用，相当于将营销费用给了卡巴斯基。在打开市场的同时也增加用户的黏性，卡巴斯基虽然获得的收益要比直接卖杀毒软件少，但毕竟市场份额也跟着上去了，这本来是一件对360和卡巴斯基都有好处的事情。

第一年，双方相安无事；可第二年就出了问题。

据说360和卡巴斯基的第二年的谈判比第一年要费工夫一些。一方面，随着360用户数量的节节攀升，第二年卡巴斯基肯定要加授权费；加上这个时候腾讯也打算仿效360的模式来和卡巴斯基谈合作凑热闹，这让周鸿祎觉得很不爽，但最后还是和卡巴斯基先上车再补票，先把这个事情弄起来再说。

但就在半年后，周鸿祎有了新的想法。因为这时杀毒软件市场已经发生了变化，不少大厂商开始做免费。在这种环境下，周鸿祎就觉得，这种情况下，再继续付钱给卡巴斯基，自己吃亏了。

或许按照360帮卡巴斯基打市场的原则，应该是卡巴斯基给360付推广费才对。

这看起来还真像是一笔糊涂账，但市场环境发生的变化，与360的免费策略不无关系。双方一年的正式合作之后的“无证经营”，也是导致纠纷的重要因素。这事情最后怎么解决的我不大清楚，但是按照周鸿祎的行事风格和2009年周鸿祎与卡巴斯基对轰的邮件看，多半是卡巴斯基吃了个哑巴亏。

2008年7月，就在360诞生两周年之际，360“顺应安全已成为网络基础服务这一潮流，与国际知名杀毒厂商合作推出了免费的杀毒软件——360杀毒”。

而就在一年前，周鸿祎还称，奇虎绝对不是杀毒软件公司，近期也不会转向做杀毒软件，以后会同瑞星、卡巴斯基等杀毒软件厂商进行深度合作。

也许，当时的周鸿祎真的没有做杀毒软件的想法；也许，在经历了和卡巴斯基不怎么爽的谈判后，周鸿祎开始想自己做杀毒软件……也许没有也许。

只能说，这个“近期”用得恰到好处，一个月是近期，一年也是近期，就看你怎么理解。

所谓此一时，彼一时。

这里就不得不提，360在宣布“终身免费杀毒”之前，于2008年5月推出的360浏览器。

如果没有这个浏览器，即使加上了杀毒功能的360，大概也就和瑞星、金山、江民等杀毒软件一样，只能通过通常地向终端用户销售自己的软件来获取收入。

值得说明的是，杀毒软件这东西虽然符合互联网经济数字化虚拟产品的特点，但却无法做到像其他虚拟产品一样，用户越多成本越低。相反，杀毒软件的用户越多，对杀毒软件的需求也越苛刻，厂商投入的服务成本也会越高。所以在传统意义上，如果不改变运营和盈利模式，杀毒软件很难做到永久免费。

从另外一方面来说，在欧美杀毒软件市场虽然也存在收费软件和免费软件共存的局面,但双方在功能上往往存在一定差异,所面对的用户需求也不同。而中国的市场环境比欧美要特殊,中国软件市场本来就是一个小众市场,用户的版权意识不强,长时期的盗版已经给中国的整个软件市场带来了巨大的冲击。而在此基础上的免费,对整个中国杀毒软件市场来说就是一次颠覆。

但是对有了浏览器的360来说,360浏览器的加入,正好弥补这一不足。再考虑之前周鸿祎不愿意放弃的搜索和口碑营销的模式,周鸿祎的想法就很明显了。

通过免费杀毒获取用户,利用360浏览器以及其他相关延伸产品获取收益。

既然360安全已经免费,剩下只有从搜索和口碑营销来获利,这两种业务的盈利模式都是广告,而在广告模式中,流量至关重要。之后奇虎的发展使得盈利模式又一次发生了变化,这就不是当时的周鸿祎可以控制的了。

所以在周鸿祎的这个环环相扣的设计中,关键在于是否能通过免费策略,来最大限度地快速抢夺用户,换来使后两个环节顺利运转的流量。至于在这种抢夺用户的过程中会和其他安全厂商发生什么样的冲突,作为一个从来不惧怕战争甚至战争导向的人来说,周鸿祎是不会做太多考虑的。

就这样,周鸿祎推动的杀毒免费就像一头闯进了瓷器店里的公牛,其结果可想而知。对此周鸿祎有些自得,他说:"有的人说我砸了杀毒软件的饭碗,我说我连自己的锅都给砸了。"

但是他可能没有想到,他砸了这口锅后还可以从另外的地方找饭吃,可对于其他杀毒软件厂商来说,这口锅砸了就要饿肚子了。

这与几年前百度MP3搜索砸了数字音乐的锅有一定相似之处,从结果来看,都是一家行业外的企业为了自己某个点上的利益破了整个行业的或明或潜的规则。但相比之下360还是要好一些,毕竟360是连同自己的锅也给砸了才去找饭吃，这种免费比起百度的盗版音乐链接的慷他人之慨更容易获得用户的支持。所以百度做MP3搜索后打输了几场官司，但360的免费杀毒却能够占据道德的制高点，让整个杀毒软件行业无法指责。

最先应战的是瑞星，在360推出免费杀毒一个星期后也发布“瑞星卡卡6.0”，并捆绑一年免费的“瑞星杀毒2008”和“瑞星个人防火墙2008”。而此时的江民和金山，仍然在观望之中。

但是，将免费进行到底的360还有后续的招数，而以卖软件为模式的瑞星只是把免费当做狙击的招数，这也注定了，这是一场一边倒的战争。

2009年初，360将其核心产品安全卫士更新到5.0版。

2009年6月，360安全中心推出“软件管家”，进一步强化了360的功能。

2009年9月，360安全卫士将“云查杀”应用到最新的6.0版上。

2009年10月，360安全中心高调发布永久免费的360杀毒1.0正式版。

到2010年1月，360杀毒的用户规模突破1亿，并开始进入手机平台。

此时的360，在杀毒市场已经无人可匹敌。

但对360来说，杀毒市场并不是全部，其理想状态是，以最快速度拿下杀毒市场，接下来就可以早日抽身转移战场，打通下一个环节。从某种意义上来说，360在对用户的攫取堪比互联网泡沫最高时候烧钱过冬的互联网公司，只要坚持住，就有希望。

至于为什么在这样的绝对优势下周鸿祎还要通过微博炮轰金山，或许就是这样的心理。据说就在周鸿祎炮轰金山之前，金山安全内部已经在讨论免费的问题，这在一定程度上会增加周鸿祎早日一统杀毒和网络安全市场的难度。从客观上来讲，周鸿祎抢先炮轰金山，在金山宣布免费之前就集火金山，至少可以在气势上对金山形成压制；就算日后金山宣布大范围免费，也会被认为是在微博炮轰之后的结果，从而继续在道德的制高点上占据优势。

面对周鸿祎在2010年4月4小时42条微博的密集轰炸，金山方面明显被炸蒙了。在官方微博上只有一条“对于近期发生的事情，金山近期会一并说明，清者自清，浊者自浊”的微博回应，多少显得有点不疼不痒，而且也缺乏一个重量级人物出来与周鸿祎掰手腕。而后来口水战升级到诉讼战，金山起诉周鸿祎个人诽谤及 360 不正当竞争，周鸿祎又反过来起诉金山。简直就是一笔糊涂账。

反映在股票市场，这 42 条微博，将金山的市值硬生生打下 6 亿港元，平均每条微博价值接近 1500 万港元，这的确可以称为历史上最值钱的微博。

金山的被动，除了 360 携免费杀毒之威、抓住时机密集开火外，更反映出金山管理者失位的疲态。在这样的环境中，三年前卸任总裁的雷军则成为公众眼中在危急时刻拯救金山的英雄，这是后话。

2010 年，360 的发展可以用“急掠如火”来形容。仅半年时间，360 用户规模就从 1 亿增长到 2 亿，市场份额达到一半以上，遥遥领先于其他杀毒产品，360 也成为腾讯 QQ 之后的第二大客户端。

量变导致质变。在获得了杀毒市场的完胜后，周鸿祎又有了新的目标，宣布屏蔽门户广告，这一下可就更热闹了。

对 360 来说，如果杀毒不能产生价值，现在又要砸掉广告的锅，那么应该从哪里赚钱？

我想周鸿祎的回答可能是：我也不知道，但总要先打过才知道。

这并非虚言。

从最初的设想来看，360 的收入主要来自于广告和倒流量；但从长远来看，这并非是周鸿祎的最终目标。道理很简单，红衣教主总不会希望未来自己的命脉由百度把握吧。更何况，砸坏了好几口锅，弄出了那么大动静，绝对不是倒倒流量、卖卖广告就可以打发掉的。

360 可能继续做搜索。如果周鸿祎希望通过 360 的曲线救国，重新回到自己最熟悉的搜索，可能会通过浏览器来做；如果不做搜索，360 就不具备可持续发展的能力。

360也有可能做IM。腾讯强大平台的威力值得去冒这个险,虽然周鸿祎已经说过自己不会做IM,但有了太多类似的例子在前,我实在不敢保证这是不是又一个"近期之内不会做"。更可能的是,借助用户优势上平台,这才是真正能够打通整个行业,打掉N多人饭碗后还能赚到钱的生意。

360对商业模式的探索就决定了自己的格局。红衣教主希望的,是以360的这个强点突破后,再和其布局的所有点联系起来。例如打掉杀毒收费只是第一步,为了打掉杀毒收费,360弄了个浏览器来做帮手;下一步可能又要打掉浏览器,再弄一个搜索来做帮手。通过这种不断的战斗和在各个领域的一系列布局,最终将其打通成一个系统。这一切都在揭示,在赢下多场局部战争、但在大局面上不能说大成的红衣教主,开始由单点突破向整体布局进行转换。

这当中可能存在的一个问题是,今天的互联网已经不是当年西部大开发那样一片蛮荒跑马圈地、然后在自家后花园里慢慢探索地下有没有石油的年代。在那个年代,QQ只需要找到QQ秀一个点即可带动全局,而现在要实现红衣教主希望的以点带面,这一路上势必会砸掉很多人的饭碗或者锅,与很多对手大打出手。

从安全打到浏览器打到通用软件打到搜索,这条线打的东西太多了。但是,360选择的这条道路已经注定,只有完全打通全行业,才能找到自己的长远盈利模式。在此之前,一切的局部胜利都是浮云。

要打通全行业,就意味着360在这条路上一定会遇到一个对手。

那就是腾讯。

通过IM牢牢把控住用户,腾讯的目标就是做互联网的"水公司",在自己的平台上为用户提供"所有用户需要"的服务。所以,周鸿祎向马化腾发出的"收购360"的建议,从某种意义上来说如同围棋中的"试应手",合则两利。

若这一仗不可避免，那么只有抓住腾讯的弱点，以闪电战的方式，速战速决。

2010年9月27日，360推出隐私保护器。

2010年10月29日，360推出“扣扣保镖”。

3Q大战，就此爆发。

## 战争艺术

3Q大战的具体细节，在这里就不详细叙述了，我想说的是另外的一个故事。

话说有姜、黄、秦、孙四个朋友进饭店吃饭，一共点了鱼、鸡和六道小菜，但四人都是小气鬼，谁也不愿意付账。最后想了个办法，每个人要说一句话，这句话要包含自己的姓和一个典故，在这句话里提到哪个菜，那么这道菜就归这个人独享，而且就不用付这道菜的账。

姓黄的抢先说：“我姓黄，黄鼠狼偷鸡。”说完将鸡拿到自己面前。

姓姜的不甘示弱：“我姓姜，姜太公钓鱼。”把鱼也拿到自己面前。

姓秦的一看，两样主菜全被拿走，更不客气，说道：“我姓秦，秦始皇兵吞六国。”一下子把剩下六个菜都揽到怀里。

姓孙的一看，自己不但菜没得吃还要买单，气急道：“我姓孙，孙悟空大闹天宫！”说完把桌子掀了，四人不欢而散。

这个故事的TABLES版本是：

百度说：我是做搜索的，搜索归我。

阿里巴巴说：我是做电子商务的，电子商务归我。

腾讯说：用户都是我的，所有东西都归我！

360说：所有东西都归你？我让你们谁也吃不成！

在360看来，这就是为什么要掀桌子和腾讯翻脸的原因。

这个故事，其实只说对了一半。

如我们在之前分析过的，360在砸了安全行业的锅的时候，也一样砸了自己的锅。而这正是只有360自己能做、别人做不了的商业模式，必须先打破无数个旧世界，才能捏出一个新世界来。

但是3Q大战的影响实在太过激烈，最后都闹到上达高层，不得不由他们来亲自做调停的地步。至少在这一战后，交战双方都会消停一些，而在3Q大战后这两家企业各自的攻防手段，也很有意思。

例如，马八点中的“客户端不再重要”就很值得研究。腾讯QQ和360，分别是中国互联网第一大和第二大客户端。就在媒体将3Q大战定位为“右下角争夺战”，并在研究Windows右下角并非只能允许一款常驻软件，为什么这两款软件需要斗得如此你死我活的时候，马化腾直接抛出“客户端不再重要”的结论。这种跳出客户端的界限去做全局的思考，这本身所得就比3Q的所失要有价值得多。

马化腾选择了守，但周鸿祎依然会选择攻。对于周鸿祎和360来说，他玩的也不是过去我们熟悉的客户端的“免费＋增值”的那一套。用他的话来说，现在除了QQ，大一点的客户端或多或少都和他有关系，现在的360必然不会走已经被验证的、干不过腾讯的老路，而是在之前的基础上进行突破。

例如，新的技术手段的使用，360后来还搞了所谓的“云查杀”。在360和金山的口水仗中，傅盛出来插了一句，360可以迅速调整服务器上的规则，让用户端的360安全卫士拦截可牛的安装。这件事没有得到最后的普遍意义上的证实（因为同样据他讲，360又迅速撤下了这一拦截，变得死无对证了），但从技术逻辑上讲，360的确做得到。

在3Q大战后，有这么一种说法，作为中国互联网的龙头老大被360逼到了高管当堂落泪和二选一的局面，非但不会有人同情，只会有更多的小公司在 360 的鼓舞下挑战腾讯。从这一点看，腾讯已经输了；但从长远看，在 3Q 大战中的失败只能算是战术上的失败，而战争起最终的决定作用的，还是双方的势力和布局，战术战役级别的差错远不致满盘皆输。而 360 虽然达到了预期的目标，声望也达到了最高点，但却惹上了腾讯这样强大的对手，从局部看 360 打了胜仗，但是在战略方面却是输了。

对于这种提法，我只能同意前一半。

在我看来，360 从战略上其实也没有怎么输。要打通整个产业链，可以从弱小的对手逐个打起，直到最后躲不过的时候遇到腾讯；也可以趁现在的有利环境，和最强大的对手打一仗并取得胜利，这会让 360 在之后打通整个产业链的过程中对对手产生威慑力。

所谓春秋无义战，真正的为了道德的战争是没有的。只是看怎么能利用冲突为自己获得最大的收益，否则就是穷兵黩武。说到底，今天的周鸿祎或是马化腾都是战争高手，即便在不利的情况下也能将这种不利因素加以转化。尤其是周鸿祎，开始改变过去猛打猛冲的风格，从全盘考虑，从其他地方获得更大的利益。

许多得失，是在 3Q 大战的盘面上看不出来的——比如，传说中周鸿祎到香港拉投资被拒之门外。首先这不太可信，周鸿祎在这个江湖上还是有号召力的，只是经此一战后的 360 不得不加快上市的步伐。又比如，马化腾利用 3Q 大战对腾讯内部体系进行刺激和推动，这是意外之得。

如果只算意料之中的事情，我们可以确定的是，为了最大限度利用 3Q 大战的影响，达到利益最大化，360 在 2011 年必然还会坚持"以战养战"的原则，寻找下一个对手。

谁会成为 360 下一个对手？

在回答这个问题前先插播 2010 年最冷的一个笑话：据说 360 试图派人攻击腾讯的服务器，不过由于腾讯安装了 360 而幸免于难。目前，360 的研发部门员工正在QQ群里研讨下一步的进攻计划。

腾讯是否还有员工在用360我不知道，但从百度传来的消息，员工已经收到了《公司禁止使用360软件的通知》的内部邮件，要求员工“为了加强公司信息安全、规范公司办公网络环境”，所有员工必须卸载360产品（包括360安全卫士、360杀毒、360浏览器等），只准使用百度安全卫士、公司标准杀毒软件和其他浏览器。对此，周鸿祎的说法是，百度禁用360是因为百度安全卫士用户数太少，因此将一万余名员工作为测试对象。

百度与360的恩怨、百度安全卫士的推出，这一切都似乎将360的下一个对手指向百度，但是，这样的理由还不够充分。

百度是与360和周鸿祎恩怨最深的对手，周鸿祎的搜索情结就是源于当年3721和百度共舞的日子。但是所谓虱子多了不咬人，百度和360的恩怨，或许不急于一时。

看看周鸿祎对3Q大战的回顾吧：在3Q前，周鸿祎就给马化腾发短信，相约合作对付百度，但马化腾迟迟没有回复；即便在3Q后，在接受记者采访时，周鸿祎还在说：“马化腾今年（2010年）最大的投入就是搜索，又从Google挖了很多人，蓄势待发，他跟百度的战争只是时间问题。”

看样子，在百度的问题上，周鸿祎还是更想将腾讯拖下水，让腾讯对付百度，然后在混乱的局面下好浑水摸鱼。更何况周鸿祎过去在怎么做搜索上都没能赢百度，对此他应该更为谨慎，在把握更大的时候再动手才对。

越乱越好，乱了敌人，锻炼了自己。

如果腾讯一天不真正和百度发生正面冲突，或许周鸿祎和百度的恩怨也会维持原状，这对于双方来说虽非最好的结果，但也是可以接受的结果。

一切按计划进行：在3Q大战之后，腾讯勤练内功，360准备上市——在2011年初有消息称360预计会在第二季度上市。但2011年3月30日，360在第一季度即将结束之时在纽交所上市，这条消息一出，我的第一反应就是，时不我待，周鸿祎还真是赶时间啊。

当然，这当中可能还有因为天下英雄低估了自己憋的一股气在里面。

对于周鸿祎来说，这样的结果可谓苦尽甘来。在3Q大战之后，江湖传言周鸿祎到香港欲拉投资被拒之门外，而在纽交所的成功上市，毫无疑问是回击这种负面传言的最好办法。

奇虎在360上市前夕，上调发行价为14.5美元，总股本为1.75亿股，以发行价计，奇虎360市值约25.38亿美元。之后股价基本上在30美元左右波动，由此计算，360的价值为50亿美元左右，而且其具有的广阔想象空间，已经使之隐隐成为BAT三大巨头之后最不可忽视的力量……之一，因为后来上市的人人网，抢了360不少风头。

而从360的招股书中，360更是把自己定位在“中国第三大互联网公司”的位置上。按招股书所言：“中国三大互联网公司，我们仅次于百度和腾讯，排第三位”，“作为用户端软件在中国最大的两个供应商，我们和腾讯可能不时争夺用户”。

这样的阐述，打消了一些人心中“3Q大战的爆发纯属偶然”的最后想法。从事后复盘看，360应该在2010年的下半年甚至更早就已经在酝酿上市。这个时候按理说应该循规蹈矩，少惹事端，周鸿祎却一反常态地主动挑事。可以想象的是，周鸿祎如此高调，一定与上市有关。那么答案就显而易见：通过与腾讯一战，周鸿祎想让海外投资者认为，360是一家可以与巨头抗衡的有潜力的公司。

不知道周鸿祎的这一做法是不是受了把Google赶出了中国的百度的启发。但是很遗憾，周鸿祎不像百度一样有一个身在大洋彼岸、可以直接对比、消息传递不便、心比天高命如纸薄的国际巨头让360上位。所以周鸿祎只能退而求其次选择腾讯，好歹腾讯也是全球市值第三的互联网公司。而且在周鸿祎看来，腾讯虽然看似强大，但由于缺乏竞争对手，腾讯的胜负感已经相当迟钝，如果只是为了营造"360能与腾讯抗衡"的印象，采用速战速决的闪电战策略，未必没有机会。

营造能与腾讯抗衡的印象不难，在未来能真正顶住腾讯的秋后算账那才真难。说是秋后算账，倒也不一定是什么大张旗鼓的阻击。不过360在招股书中将百度、腾讯视为自己最大的对手，意味着未来的360必然将会与百度、腾讯等巨头直接竞争。毫无疑问，拥有与腾讯、百度相近的用户数量的360未来打的一定是开放平台的主意，唯有如此，才能与巨头们在一个水平线上竞争。

搭建开放平台可以用爬山来形容。在大家都在做产品、做应用的时代，无论是百度、腾讯还是阿里巴巴，可能是选择山脚下的不同起点往上爬。一开始或许没有什么冲突，但随着目标的接近，最终总会碰到一起，所以来日方长，就算腾讯今天吃了这个亏，完全可以细水长流，日后慢慢找回来。

360也深知这一点，所以在开放平台策略上采取的是循序渐进的迂回式策略。就在上市前一个月，360推出了自己的第一个开放平台——团购开放平台，通过审核将符合资质的团购网站接入平台，并获得团购导航、用户流量导入、防盗号钓鱼等服务。用户只要注册一个360账号，就可以在所有开通一站通服务的团购网站上购物消费。360的这一举动使得团购领域"百团大战"再次白热化，对于那些实力比较弱小的后来者来说，或许可以借助360这个平台缩小与领先者之间的距离。

360的团购开放平台虽然与我们所熟悉的应用商店开放平台模式有所不同，从其运作的方式上看更像是我们熟悉的流量直接变现的方式。但对同样有做团购的腾讯和淘宝来说，这本身就是一种骚扰。而且对360来说。这一做法看似门槛不高，但却真的只有360能做。一般的团购导购网站没有360的用户基础，而对有足够用户量的腾讯和淘宝来说，在自己的团购和应用平台启动的时候真要来做这个事，却又好像有点小题大做，这或许算是周鸿祎对于平台的一个颠覆吧。

2011年3月,360又推出了"360桌面应用开放平台",比起第一个"团购平台"算是进了一步了。但与其他巨头营造的"一站式平台"不同,360的桌面应用平台仍然是聚焦在网络安全上。在360的官方网站介绍上,我们可以看到"通过360安全桌面安全启动软件、网站和丰富的互联网应用,安全贴身而至,让你免除中毒担忧"的字样。从这一点看,360的这个平台的指导思想仍然是做产品,其他"应用",只是对这一产品的补充,而非用户体验的全面提升。

从360在上市之前连续推出两个开放平台的做法来看,虽然这两个平台都还不是很成熟,但在上市之前的敏感时刻推出,其象征意义大于实际意义。这样做,为的是向投资者们说明360要做开放平台的策略,如果投资者没有看到这点,360现在超过360倍的高市盈率无论如何也给不出来。

2011年4月7日,360极速浏览器应用开放平台正式发布。从桌面到浏览器,360的平台策略又往前走了一步,再结合之前两个开放平台,360的应用平台策略呼之欲出:周鸿祎又一次地不走寻常路,在别的互联网巨头在思考如何搭建一个覆盖用户所有需求的平台的时候,周鸿祎把自己做产品感觉好的优势发挥到最大。制定了一个以安全为核心的"安全+X"策略,用作产品的思路,围绕着网络安全去做出数个用户平台,用多个平台农村包围城市,去满足用户的不同需求。

毫无疑问,这是资本市场的需求:360招股说明书显示,2010年,360盈利为820万美元,如果摊到3亿用户上,每个用户给360贡献的利润仅仅是3美分。而与360拥有相同级别用户的腾讯和百度,每个用户贡献的利润均以美元为单位。在上市路演之时,360信誓旦旦,如果每个用户能为360贡献1美元,360的未来将不可限量。而用多个平台最大程度挖掘用户潜力,是360提升ARPU值,向腾讯和百度看齐的重要手段。

这种“安全＋X”的多平台策略可能是一把双刃剑：一直以来，周鸿祎战斗能力之强是毋庸置疑的，但正是因为太注重于某个点上的集中优势兵力做深做透，其在大方向上可能会有些欠缺，这也正是周鸿祎在过去一直能不断发现机会，但却未能大成的原因。从近两年360的布局和3Q的进程来看，周鸿祎的全局观有了一定的提高，但是否具备这种多平台协同的能力，将各个平台做到“1＋1＞2”，则有待进一步印证。

据说360在此轮IPO过程中，同时得到了坚持价值投资理念的巴菲特和坚持投机理念的索罗斯的投资，这或许进一步印证了周鸿祎是一个不按常理出牌、“看不透”的人。从不同的角度去看，往往会得到不同的结论，但这种看不透带来的不确定性，会让所有人更为关注。

电影《阿甘正传》中阿甘说过这么一句话：“人生就像一盒巧克力，你永远不知道你下一个吃到的是什么味道。”人生的精彩正是来自于这样的不确定性，而《阿甘正传》也是周鸿祎喜欢的一部电影。在他看来，阿甘这种心无杂念、将事情做到极致的做法和自己有一定的相似之处，而这也正是他走到今天的原因。不去想未来如何，将眼前的事做到极致，把未来留给别人猜想，则是周鸿祎应该做的事。

让我们拭目以待。

TABLES

第七章

# S：新浪的新门户革命

互联网是一次观念的革命。

曾子墨在《墨迹》一书中这么提到她所亲历的新浪上市:"当新浪团队用中文提到'门户网站',进而被翻译成英文'portal'时,我们的一位高层领导低下头,掩住嘴,悄悄地问坐在身边的项目负责人:'I thought they are in the internet business. What do they need a gate for?(我一直认为新浪是家网络公司,他们要个门干嘛?)'"

从某种意义上来说,伴随着1999年中国互联网第一次高潮崛起的新浪、搜狐、网易等门户网站,带来的是一次观念上的革命。之后,虽然随着2000年全球网络泡沫的破灭,中国的互联网陷入低谷,但是对互联网一无所知的中国网民来说却起到了普及互联网的作用。至少从此之后,曾大主持的boss不会再犯当年的笑话。

门户,这是一个因互联网而生的名词。在这个名词的背后伴随着荣誉和财富,也被附加了太多的意义,一时间人人趋之。"门户之争"与"争做门户"给舆论界带来了永不消逝的喧嚣,也吸引了大批互联网企业趋之若骛。

然而互联网毕竟是一代新人胜旧人的行业,随着短信、网络游戏、即时通信、搜索业务等新兴网络业务的兴起,一批专业网站异军突起。新浪、搜狐、网易等传统门户网站的经营模式受到质疑。在经历了多次多元化发展和业务扩张之后，门户网站核心业务不突出、用户变现能力差等问题暴露无遗。

就在这一轮新的革命中，腾讯、百度、阿里巴巴崛起了，新浪、搜狐、网易等门户似乎成了明日黄花，沦为互联网行业的配角。

Web 2.0 给门户带来了新的因子，为它们带来了改变自身、与新兴互联网公司同台竞争的机会。但是，作为昔日的第一门户，新浪在此方面却举步蹒跚，不仅缺乏对自身调整的决心和速度，更是因为零散的股权结构和良好的平台基础，随着中国互联网的逐步复苏，屡屡成为被资本狙击的目标。

匹夫无罪，怀璧其罪。手持重宝在乱世中行走，就一定要有自保的能力。新浪的“毒丸计划”，只能说是自保的第一步，而只有在通过 IPO 理顺了股权关系后，才能真正保住自己，走好下一步。然而谁也没有想到，在 IPO 后，新浪会以微博如此激烈的手段引导了又一次互联网观念上的革命。毕竟，在中国互联网的第二次革命中，由于内忧外患，新浪一直没有什么大的作为。

但是从革命的交替理论看，一场革命的爆发，必然是发生在之前的意识形态较为薄弱的地方。例如资本主义革命爆发在封建制度薄弱的欧洲大陆，社会主义革命爆发在资本主义只有几十年积累的前苏联。由此看来，在过去的一波互联网革命中，新浪虽然无所作为，但却是胜在可以轻装上阵，迅速接受新一轮的革命理论。因此，新浪通过微博引导的新门户革命，也在情理之中。

不要说我们一无所有，我们要做天下的主人！

## 陈彤出走传闻下的曹国伟的连任

长江后浪推前浪，前浪死在沙滩上。

无论看名字还是看实际的内容，新浪怎么看怎么像死在沙滩上的“前浪”。曾几何时，无论从规模、营收、影响力等方面，引领了中国互联网第一浪的三大门户都是中国互联网的佼佼者，而新浪又是门户的老大。但随着百度、阿里巴巴、腾讯三大巨头的崛起，三大门户开始落后，只能在第二集团中争一个位置。

十几年前，早期“新闻门户”以海量信息、即时新闻和分类信息等特色，满足了初期网络浏览者对于新闻内容的要求。新浪凭借其更鲜明的媒体特色和在新闻方面的执著脱颖而出，但是在网民需求越来越多样化的今天，单靠从前那套越来越难以抓住用户了。

随着三巨头的崛起，新浪这个曾经的中国互联网之王变成已经排不进中国一线互联网公司的座次之中。甚至在门户竞合中，新浪也在不知不觉中悄悄落后，相对于搜狐的社区化和网易的游戏化，新浪给人的感觉是缺乏变化的，甚至在战略上可以说是犹豫的。

这种落后，发生在曹国伟主政的前两年。平心而论，曹国伟的确是新浪这么多 CEO 里最有企图心的一个。但如果从曹国伟就任 CEO 时新浪与中国互联网行业领先的三家公司百度、阿里巴巴和腾讯的差距来看，曹国伟在任上的最开始的两年非但没有缩小差距，而是随着 BAT 三巨头在股市上的良好表现被拉得更开。

列位看官，看到这也许要问，既然新浪有换 CEO 的传统，曹国伟最开始当政的这两年也乏善可陈，那么，他又为什么能连任呢？到底是什么力量挽救了曹国伟呢？

拯救了他的并非是什么从天而降的援兵，而是在奥运大战之前的一次险些发生的人事变动：2008 年开春，围绕新浪执行副总裁陈彤的去留风波更让人对新浪的未来打上一个大大的问号。

陈彤 1967 年出生，生于北京，籍贯河南开封。中等个，圆脸，密黑厚实的头发总是遮盖他的额头，深邃的目光藏于眼镜之后，办事利索，雷厉风行。陈彤从小爱好新闻和体育，在填写高考志愿的时候，他填写的第一志愿是北京工业大学的电子工程，第二志愿是北京广播学院的国际新闻，基于他的爱好第三志愿则是中央体育学院的体育理论。结果他被第一志愿录取。

北京工业大学电子工程专业毕业后，陈彤在中关村度过了数年同后来的生活相比颇为平淡的日子。1996 年，他开始攻读北京理工大学通讯学硕士。1997 年 4 月，还在北京理工大学读研究生的陈彤，网上偶遇新浪前身四通利方在线创始人之一的李嵩波，后成为四通利方体育沙龙的“斑竹”。研究生毕业后加入四通利方，成为四通利方在线的第一个编辑。

四通利方很快与华渊中文网合并成立新浪，陈彤在新浪从一个编辑做起，很快成为主编、总编辑、副总裁、执行副总裁。和位置一路高升的是陈彤在新浪所创造的互联网新闻报道的模式和诸多标准，比如首页大信息量和标题开新窗口。

陈彤在新浪倡导的诸多做法被称为新浪模式并广泛被同类媒体所采用，陈彤本人也被认为是新浪新闻的精神领袖和中文世界新媒体第一人。

熟悉新浪历史的各位看官可能知道，新浪向来动荡，各派力量你方唱罢我登场，CEO 也基本上是两年一换届。但不管怎么换，新浪的新闻品质和广告业务都在一路向上走。甚至有人说：新浪 CEO 可以换，但陈彤这个新浪总编辑是不能换的。

对于这点，连政府的主管部门都认可，相关会议，陈彤去即可代表新浪，而其他网站必须 CEO 或总裁去。甚至有说法称，陈彤的这个新浪总编辑罢免是要备案的。因此，陈彤要离开的消息一传出，新浪内外一片哗然，有人煞有介事地说确有其事，有人则信誓旦旦地认为是空穴来风。

对标榜自己做得最好的是新闻的新浪来说，2008 年北京奥运会，是向整个行业证明自己还能蹦跶的一个机会。自从 1998 年，新浪以对法国世界杯的报道一鸣惊人，奠定了“第一门户”的基础以来，新浪对诸如奥运会、世界杯等大场面的报道有着与其他网站不一样的情感，而对于在家门口举行的这届奥运会，新浪当然不会错过。

然而新浪在奥运门户大战中却落了后手：2005年，搜狐独辟蹊径成为奥运会历史上第一个互联网赞助商。

腾讯也跃跃欲试。腾讯转向门户的时间算是小字辈，也不像搜狐一样拿下赞助商，就这样在不占天时地利的情况下靠着弹窗弹啊弹，很快在流量上超过新浪。2008年奥运一战成为腾讯一次弯道超车的绝佳契机。

2008年奥运报道，新浪可谓腹背受敌。这个时候，偏偏又传出重要人物陈彤要离开的风声，各位看官想必都会问一个问题：新浪到底怎么了？

最后的结果也皆大欢喜：在奥运门户大战之前几个月，新浪宣布，段永基不再担任新浪公司董事会董事长以及在新浪董事会的一切职务，新任的代理董事长汪延正是曹国伟的前任，同为新浪的创业元老的二人组合配合默契，也会给予曹国伟更大的空间；而不那么了解互联网、将新浪更多的当成投资工具的段永基让出新浪控制权，也有利于新浪更好地制定未来的发展战略。

今天看来，这是新浪创办10年来最大的利好。

新浪的前身新浪网公司成立于1998年年底，由四通利方信息技术有限公司和华渊资讯公司合并而成。而风险基金的加入，在为新浪提供了发展所需的资金、引入了国际先进的管理理念的同时也进一步分散了新浪的股权，为新浪未来的发展埋下了隐患。

股权的分散带来的直接结果就是新浪内部派系林立，四通派、北美派、台湾派、元老派，每派都有各自的利益和立场，也让新浪难以形成统一的结论和方向。一个例子是新浪上市承销商更替的一波三折。在新浪上市前，新浪高层三人王志东、姜丰年、沙正治曾经决定将上市交给摩根士丹利去运作，但后来高盛突然杀出，王志东、姜丰年为维护公司内部的统一，遵从当时CEO沙正治的意见，将上市委托给了高盛；虽然在摩根士丹利的努力下新浪的上市承销又重归摩根士丹利之手，但从这个时候起就已经反映出了新浪内部的分歧。

虽然内部有分歧，但对外必须用一个声音说话，在这种情况下最简单也最公平的解决办法就是轮流坐庄，干不好换人，简单易行。由于新浪的CEO往往都需要在无数双眼睛下工作，努力平衡各方面的利益，再加上前几任CEO运气不太好，遇到的正是网络泡沫破灭后的互联网沉寂期，在这样的大环境下，要取得各方面都满意的成绩的确不太容易。

所以新浪几乎两年一换CEO的传统，就这么保留了下来。这也容易理解，为什么新浪在很长一段时间里会缺乏长期发展的战略。

这对以曹国伟为代表的新浪管理层来说是一个重大的胜利，在过去，新浪的股权结构不仅分散，最要命的是股东是玩资本的多玩实业的少。有一句话叫男人不能玩资本，女人不能做小姐。意思就是说这两个行业来钱太快，会让人对做其他事情提不起精神。新浪的情况就是如此，对于玩惯了资本的股东来说，一步一步地打基础、踏踏实实赚钱，实在太不够刺激。

当希望通过资本运作来套现牟利的股东不在少数，新浪又怎么能静下心来，制定未来五年、十年的发展规划？

于是，在里应外合之下，新浪就变成了一家容易被资本市场偷袭的公司。先是在2004年，有传闻雅虎有意收购新浪。而新浪的做法也颇有意思，一边派高管连续出来辟谣，一边竟然将自己被收购的消息一直高挂在新闻黄金页面。但滑稽的是，或许是新浪的恨嫁之心吓坏了雅虎，也或许是双方价格没有谈拢，这一轰轰烈烈的传言之后果真没了消息。

到2005年春节刚过，又轮到盛大突然发力，宣布收购新浪大约19.5%股权，成为第一大股东。还有传言说，新浪管理层参与了与盛大陈天桥的沟通，试图借外力制衡原资本方。后来虽然新浪董事会祭出了“毒丸计划”，但还是有人质疑，新浪是故意晚发“毒丸”，让盛大先进来。几个月后，盛大“被迫”终止了计划，并逐步抛掉了所持有的新浪股票，但在这一进一出中，盛大也是赢家。

2008年，作为投资者的段永基退出了新浪。但从战略上看，这对曹国伟等管理者来说只是局部性的胜利。这场胜利的意义更多的是在战术层面，擅长具体事务的曹国伟等管理者战胜了资本家，为自己赢得了更大的空间。

列位看官，或许要问，曹国伟连任，确是利好，对于陈彤，好像并没有变化，他为什么又愿意收回之前的去意，选择留下呢？

首先，陈彤本人是不想离开新浪的。新浪和陈彤之间，其实是相辅相成的，离开新浪，断然找不到一个更好的平台；新浪没有陈彤，损失也不小。

其次，之前坊间所描绘的陈彤出走是由新浪内容体系和销售体系的对抗造成的，虽然不能说是子虚乌有，但其实并没有那么大的冲突。陈彤只是在换届之际，希望有更多的成长空间而已。

用句俗套的话说，碰到天花板了。

但随着曹国伟的连任，打破了之前新浪CEO两年一换的铁律，对整个新浪的管理团队来说，多了诸多的安全感，也有了更大的话语权。看上去没有什么变化，但其实是打开了上升空间。

行棋如此，就要看连任后的曹国伟如何长袖善舞了。

## MBO让新浪掀起新一浪

做业务，你不如我，玩资本，你也不如我！

这是曹国伟的最大底气。

新浪的每一任CEO都会给这家公司带来不同风格的转变：如王志东时

代的新浪是“技术的新浪”，汪延时代的新浪是“人事的新浪”，那么到了曹国伟时代则是“资本的新浪”。虽然担任的是负责具体事务的CEO职务，但曹国伟对资本运作并不陌生，他毕业于美国会计学专业排名第一的德州大学会计专业，毕业后正赶上硅谷的“疯投”时代，在安达信和普华永道两家会计事务所任职期间经手多家公司的上市，涉及兼并收购的案例不计其数。在担任新浪CEO之前，曹国伟是新浪的CFO(首席财务官)。

要打败资本家，最终还是要靠资本解决。

熟悉资本性质的曹国伟知道，资本可能会看重管理者的经验和能力而支持你，同样也可以因为其他原因而取代你。管理者以股东的身份参与企业的运作，才是解决新浪缺乏长期规划的关键；要获得与资本平等的权利，管理层必须拥有一定的股份，最好是成为公司的大股东。

感谢新浪分散的股权结构，这使得曹国伟等管理者不必获得50%以上的股份才能成为大股东；曹国伟更应该感谢的是盛大，由于2005年盛大对新浪的意向收购，时任新浪CFO的曹国伟推出了“毒丸计划”，规定一旦新浪10%或以上的普通股被收购，新浪股东可以按其拥有的每份股权购买等量的额外普通股，以增加收购者难度。从此，新浪的股东们来了又去，但很少有人真正突破这10%的敏感线。这使得曹国伟为首的管理层只需要获得10%以上的股票就可以成为新浪的大股东，并凭借“毒丸计划”以抵御外部资本的偷袭，更是进一步降低了曹国伟获得话语权的成本。

2009年9月28日，新浪宣布，以新浪CEO曹国伟为首的新浪管理层将以约1.8亿美元的价格，购入新浪约560万普通股，成为新浪第一大股东。根据这项购股计划，新浪管理层将通过新浪投资控股有限公司，进行此次管理层收购。新浪与分众传媒同时宣布，双方的合并交易将自动终止。

舆论普遍认为，MBO的实施使得新浪的管理层主导权将得到加强，在制定长期规划方面也更有效率。甚至有文章乐观地写道：“MBO足以改写中国互联网第一门户的历史，正如马化腾之于腾讯、丁磊之于网易、张朝阳之于搜狐一样，新浪这块著名的无主土地终于有了姓氏，也许中国互联网业的格局又将因此改变。”

质疑的声音也不是没有。有人就提出：管理层怎么掏得出这 1.8 亿美元？如果管理层是借 MBO 之名，实际上却是找的投资方出大头进行 MBO，这就违反了 MBO“管理层投钱、让投资者出去”的本意，哪怕新浪的管理层在表面上成为最大股东，但实际上却代表着这 10%背后的投资者在董事会的话语权。所谓的可以对新浪的未来做更长远的规划，或许只是一句空话而已。甚至有投资界的人猜：这说不定是策划新浪分众合并失败的江南春以及郭广昌在“曲线救国”。

直到 2010 年 4 月，新浪向美国 SEC 递交的一份文件才给出了答案：在 MBO 的 1.8 亿美元中，以曹国伟为首的新浪 6 人管理团队出资 5000 万美元，曹国伟抛售 50 万股个人持有的新浪股票，套现 2251 万美元；3 家私募基金出资 7500 万美元；美林证券提供 5800 万美元贷款。其中 3 家私募基金各拥有“新浪投资控股公司”的一个董事席位，而这个“新浪投资控股公司”正是管理层用于实现 MBO 的主体。在这家公司中，新浪管理层拥有 4 个董事席位，恰恰压倒私募基金而实现对“新浪投资控股公司”购买的 560 万股新浪股票的绝对控制。

除了以小搏大撬动私募基金成为新浪的最大股东外，熟悉资本运作的曹国伟还利用时间差为新浪管理层解决了一部分资金问题。在 2009 年 9 月 28 日宣布 MBO 时，当时管理层购买新浪股票的价格为 32.14 美元，这一价格是根据宣布 MBO 之前一段时间的价格加权平均而来，而此时的新浪股票价格正处于相对低点。正式完成 MBO 是在两个月后的 11 月 27 日，管理层只要在那个时候缴清完成 MBO 的所需款项即可，而管理层正可以利用这两个月的时间差拉高新浪的股价，在 MBO 生效前的几天内以均价 45 美元的高价位减持个人所持有的新浪股票套现，转手以约定的低价通过“新浪投资控股公司”购买新浪的股票，一进一出之间，1 股就变成了 1.4 股。

想想新浪股东中那么多玩资本的高手，你就会知道在两个月内拉高 40%股价是多么容易的一件事情。要不是怕激起民愤(主要是股东和投资者)或者在美国 SEC 那边通不过，从新浪股票的走势看，我想新浪的管理层们会很乐意将完成 MBO 的时间无限期延长，最好能延长到最近新浪股价 90 美元的高点，那么对他们来说，他们完成 MBO 的成本也就小得多

即使在完成 MBO 后，拉高股价的需求也还没有完。老股东同意管理层进行 MBO，为的是能够赚取更多的收益；而对于实施了 MBO 的管理层而言，他们也需要通过做高股价变现可能还在手中的期权，以偿还美林证券提供的 5800 万美元贷款。从各方面看，新浪的股价都有上升的需要。

新浪 MBO 喧嚣未定，曹国伟在资本市场上又有了新动作：2009 年 10 月，新浪分拆旗下房产频道，与易居中国子公司克而瑞合并，成立中国房产信息集团(CRIC)，并在纳斯达克上市。再联想到曹国伟玩资本的能力，有人预测，新浪短期要拉高股价，必然会做资本层面的动作，不外乎并购或合资。

有句话叫做“天不怕，地不怕，就怕流氓会文化”，这句话虽然不太好听，但也说明了复合型人才的宝贵之处。如果曹国伟只是在资本层面上长袖善舞，那么实施 MBO 之后资本运作的结果也不过是送走一批投资者又迎来了另一批，继续之前的老路而已；真正让这场 MBO 圆满，并奠定了新浪未来发展基础的，还是曹国伟三年前在业务方面埋下的一颗种子，或者说，一个杀手锏。

## 微博照耀新浪

新浪微博太火了。

这是我的朋友成远在2010年12月《商业价值》杂志上刊登的一篇名为《微博照耀新浪》文章的开头，这篇文章描述了2010年11月16日新浪微博开发者大会的盛况。就在这一天晚上，刚刚抵达北京的我和成远在五道口的麻辣诱惑见面，席间我们谈论的主要话题之一就是这次微博开发者大会，以及新浪微博对整个互联网行业的影响。后来成远写成的这篇《微博照耀新浪》，也是我认为写新浪微博写得最好的一篇文章，出于对这篇文章的致敬，我决定将这篇文章的标题用来作为本节的题目。

2009年8月28日推出微博之时，新浪的股价还在40美元以下；而到了一年后新浪微博开发者大会，新浪的股价已经越过了80美元的门槛。在这一倍多的增长中，大多数可以归因于新浪微博，如果将新浪微博分拆，也是一家10亿美元级别的公司。

微博，也就是上一节所说的杀手锏，使得新浪终于在错过了许多次机会之后，第一次真正把握住了自己的命运。

按曹国伟事后的复盘，新浪微博今天的蓬勃发展，可以追溯到他2006年担任CEO之后成立的互动社区事业部之时。但如果说当时的曹国伟就能看准新浪微博的今天才成立的互动社区事业部，那纯粹是扯淡。

成王败寇。其实在曹国伟主政的头两年正是Web 2.0在中国最为兴盛的两年，Facebook模式越来越引起国内公司的重视和模仿，而他后来说的重要伏笔，新浪互动社区事业部并没有太大的动作。这或许不能全怪曹国伟，因为在新浪没有MBO，管理层没有当家做主之前，没有人敢做长远决策，新浪的行动迟缓一些也情有可原。等到奥运门户大战之后曹国伟坐稳了CEO的位置，这个时候新浪再想做SNS，也已经错过了发展的最好机会。

虽则如此，SNS的魅力仍然吸引着新浪，许多新浪高层至今都认为，连接网页的Google和连接人的Facebook是互联网的两大基础设施。于是乎，抱定排除万难、不怕牺牲的决心，新浪的SNS项目“新浪朋友”还是在对

Facebook致敬的方向下启动了。但做着做着，新浪发现不对了，这个时候开心网已经大热，与千橡的“真假开心网”也打得不可开交，难不成新浪这个时候还去趟这趟浑水，学习当年的校内，跑到校园里发两个鸡腿把用户再抢回来不成？

2009年5月，在成都召开的战略会议上，对SNS越来越找不到感觉的新浪首次提出了做微博。在此之前新浪曾经花了不少时间和精力做的SNS“新浪朋友”，最终也被曹国伟叫停。“新浪朋友”不是新浪内部第一个停掉的产品，所不同的是，以前都是经过了推广，后来发展势头不好自然被边缘化的。而“朋友”的直接放弃，的确是一件不同寻常的事。

问题来了：在新浪开始做微博的时候，Twitter的估值不到10亿美元，而Facebook已经是百亿美元级别的公司。两相比较，新浪怎么会舍弃看起来价值更大的SNS，断定微博更有价值呢？

我的答案是：新浪也不知道微博是否更有价值，但是自己想要做好SNS已经不大现实，总该先给自己找条后路吧。

事情就是这样阴差阳错，在新浪开始放下SNS做微博的时候，老对手搜狐的SNS项目仍在紧锣密鼓地进行。当搜狐听说新浪在模仿Twitter做微博的时候，搜狐对此不屑一顾，他们的说法是，Twitter没有价值，要做就做Facebook。

或许新浪听到搜狐的这句话会含笑不语，说到底新浪还是没有SNS的命，如果新浪有本事早决定做SNS，那可能就没有程秉浩离职创办开心网什么事了。而事实上，2008年离职创办开心网的程秉浩可能是新浪决定放弃“朋友”的一个原因。一方面当时新浪在技术和产品方面的能力并不具备特别的优势，另一方面，自从创办以来，开心网一直与新浪保持着良好的合作关系，连第一批用户都是从新浪倒过来的。对于财务出身的曹国伟来说，停掉自己硬着头皮做下去的项目，通过投资或收购，在势头不错的开心网中分一杯羹也是一个不错的选择。这一结果也在2009年11月得到证实，在2009年6月，以启明创投为主的风险投资团队向开心网投资2000万美元，新浪作为跟投者也参与了这次投资。

有了对开心网的投资，想必新浪上下会安心很多，如果SNS真能做起来，自己也能搭个顺风车；学着Twitter做微博虽然存在不确定因素，但毕竟还是值得赌一赌。

但是新浪的运气似乎不是太好，就在2009年6月，由于不满大选结果，一场Twitter引起的骚乱在伊朗展开，微博的影响力开始广为人知，并进而引发了国内饭否、叽歪、嘀咕等微博的监管问题。如果应对不当，新浪放弃SNS、转向微博的策略将让新浪陷入四大皆空的悲惨境地。这毫无疑问是让新浪尤其是新浪的管理层不能接受的，MBO在即，马上就要到了拉股价的时候，如果没有可配合的实质性利好，巧妇难为无米之炊，别说曹国伟了，就算让索罗斯来了也没什么效果。

无论如何新浪是一定要做点啥的，这个时候的新浪也使出了浑身解数，与相关部门沟通：微博这个东西，就和搜索一样，你要强压是压不住的，只会引起更大的好奇和反弹。还不如有限度地放开，选择一家有能力的企业比如新浪来做这个事情，新浪做了十几年新闻，对不良信息有着足够的敏感度，也有一大批编辑，可以对所有信息先进行审核，把不利影响控制在最低范围内。这个颇有点拿当年百度说事的意思，相关部门一想，是这个理，与其全部关掉逼用户翻墙上Twitter，还不如支持新浪，把用户给管理起来。

就这样，与其说在别家犹豫是否拿掉这个产品，或者只是作为自身平台的一个功能存在时，新浪做了一个大胆的决定，抓住了国内微博的一个空档；倒不如说新浪在被逼到绝境的情况下爆发出了最大的潜力。毕竟，人都是逼出来的。

虽然向相关部门拍了胸脯，虽然为了完成任务“不得不”投入数千编辑进行微博内容的审核，在这个时候，微博能做到什么地步，新浪自己都没有底。但是这不要紧，对新浪来说微博更多的只是一个利好消息，是一个可以用来拉升股价的工具。如果万一能做大了，就真的是意外之喜了。

就这样，2009年8月28日，新浪微博上线对外公测了。就在一个月后，新浪即对外宣布MBO的消息，颇有点配合MBO为MBO造势的意思。据说新浪MBO的2009年9月28日这天，是曹国伟进入新浪10周年的纪念日，在此之前，曹国伟就隐隐放风出来暗示这天要发生点事情。在正式消息出来之前，大伙都认为新浪在这天会结束公测正式推出微博，但最终谜底公布却是MBO。至少在那个时候，新浪微博只是一个可能具备不错前景的项目，或许还没有被拔高到引领新浪未来方向的地步。

另外可以间接证明这一点的是，在宣布MBO之后接受的采访中，曹国伟表示，随着管理层决策权的加大，未来新浪业务将更加多元化发展，包括在新的领域进行投资或收购、垂直频道的孵化、电子商务的深入拓展，并将涉足SNS、网游等新业务，但对于微博，谈得并不多。

这或许是曹国伟的明修栈道、暗度陈仓之举，例如曹国伟提到的SNS，虽然这个时候新浪已经通过投资开心网废掉了自己的SNS项目，但曹国伟还在打烟幕弹。但SNS项目对新浪来说也不是一无所得，新浪微博的底层架构就是来自于“新浪朋友”；新浪微博能够那么快上线，也与之前“新浪朋友”的开发打下的基础有着密切的关系。

从这个意义上说，新浪并没有完全放弃打造一个像Facebook一样的平台。这种思想也反映在新浪微博的产品设计上，例如新浪微博的评论有两个选项，可以直接在对方信息下评论，也可以勾选“同时发一条微博”将该评论发布到自己的微博上。视觉显示类似Facebook的评论模式；Twitter的评论是直接在自己的微博上发布，在对方的timeline中看不到，相比来说，新浪微博的评论模式更为友好一些；在转发方面，在新浪微博转发时还可以加上自己的评论。转发后所有关注自己的用户(也就是自己的粉丝),能看见这条微博,他们也可以选择再转发,加入自己的评论,如此无限循环,信息就实现了传播。相比起 Twitter 的"RT",新浪微博的转发内容要更多、更灵活,也更注重人与人之间的交互。其他的本地化工作还包括:嵌套式评论、一键插图、分享视频、微博筛选、强调明星与粉丝互动等。

这样的不同相当重要:中国互联网十几年的发展证明了,在中国完全照搬国外的模式是行不通的,多少国外巨头在这一点上都吃了暗亏而不得不退出中国市场。从这一点看,新浪在 SNS 的结构上搭建微博,或许是存在对项目的充分利用、多快好省地推出产品的想法,但这一无心插柳却对新浪微博的发展起到了决定性的作用,甚至,新浪有可能凭借对 Twitter 的这一改良,像当年的腾讯赶超 ICQ 一样,成为一个新兴领域的新霸主。

除此之外还有一个原因:新浪太适合做微博了。

相对于其他门户网站,新浪更具媒体基因。在新闻门户的 Web 1.0 时代,新浪拥有最专业的新闻和编辑团队;在 Web 2.0 时代,新浪顺应媒介形态从割裂向社会化演进的趋势,选择名人博客作为突破口,经过几年发展,新浪博客已经成为中国流量最大的博客社区,也成为新浪流量最大的频道。而博客也对新浪自身起到了重要的补充作用,越来越多的博客内容上到新浪门户首页。随着互联网新技术的普及,新浪在中国互联网媒介通道的进化中一直能够引领潮流,有了这样的基础,新浪做起微博来自然事半功倍。

所以,新浪决定做微博、做好微博、将微博作为自己在"后门户时代"实现突破的主要方向,看似偶然,实属必然。

剩下来的事情简单得多,就像滚雪球一样,一旦启动,就会形成强大的惯性,越滚越大。

2009 年 11 月 3 日,Sina App Engine Alpha 版上线,可通过 API 用第三方软件或插件发布信息。

2010年年初，新浪微博推出API开放平台。在应用增值方面，新浪微博平台鼓励开发者开发游戏、团购、网络购物等多种服务，形式和付费方式类似于苹果的APP Store，根据开发者对产品的定位来定价。

2010年9月，新浪对外发布《中国微博元年市场白皮书》。数据显示，新浪微博月覆盖人数约4400万，总微博条数9000万。

如今，新浪微博每月用户增长数量在千万以上。

微博已经成为一种社会现象。

再次用《微博照耀新浪》一文的结尾作为本节结尾：今天人们看到的是一个微博照耀下的“新”新浪。但这背后不是被一个优秀产品引爆的企业重生，而恰恰相反，是一个重生的企业找到了正确的方向。

## 新门户革命

任何公司的成功一定是商业模式的成功。

从20世纪末门户网站打响中国互联网第一枪到现在，门户网站的演化已经经历了几个重要阶段：早期网络浏览者接触网络的主要目的是浏览新闻，从而也产生了新浪、搜狐、网易为代表的传统三大门户；之后随着互联网络信息的膨胀，搜索引擎的重要性开始显现，也有人在此基础上提出了“搜索门户”的概念。而在Web 2.0时代，个性化成为网络发展的趋势，碎片化、UGC、交互成为主流，对信息控制的重要性被用户与用户黏性所替代，“个人门户”的概念应运而生。一方面，门户网站为了黏住用户不断扩张自己的产品线；而百度、腾讯等巨头加入“个人门户”的竞争，进入诸如新闻、空间等门户网站的传统势力范围，也使得传统的门户网站面临巨大挑战。

互联网经过10多年的沉淀，才形成了以邮箱、新闻、广告为特征的

Web 1.0商业模式。当互联网进一步进化，传统门户该如何寻找出路？

在老三大门户中，网易曾经早早向游戏转型，这样虽然能让网易获得不菲的收入，但却不符合 Web 2.0 以及互联网发展的趋势；搜狐的门户矩阵相对来说要好得多，通过一个通行证打通邮箱、博客、游戏、校友录、空间等不同业务单元，在此基础上搜狐更进一步，希望通过 SNS“白社会”来搭建自己的用户平台，但从目前的效果来看并不成功；新浪在这方面的起步虽然有些迟缓，但借助新浪微博一下子走在了两个老对手的前面。

这就是新浪 MBO 之前与 MBO 之后的最大区别：在 MBO 之前由于股权的分散和方方面面的利益，不停地影响着新浪的决策人和决策权，所以新浪不会创新、不会冒险，永远只能跟在别人屁股后面捡剩菜；当 MBO 解决了决策人和决策权的问题，新浪被压抑的创新和冒险精神得以一下子释放出来，才有了今天的爆发。

看起来，通过在社会化领域中的探索和尝试，新浪在“后门户时代”找到了一条适合自己的道路。这就是以新浪微博为中心，增加社交网络的附加值和对用户的黏性，令各个产品整合不同的产品，扩大媒体影响力，售卖更多的广告，以一种全新的商业模式，突破新浪的原有边界。

而在曹国伟眼中，拥有庞大用户群的微博，将给新浪带来新的盈利模式：有了微博这个平台，新浪可以以此为基地进入此前并不擅长的搜索、电子商务、游戏等领域，通过与微博的嫁接，演变出新的商业模式。他甚至强调，要看准新趋势做大布局，“哪怕是革自己的命”。

新浪是一家具有媒体气质的互联网公司，而微博本身也具备媒体的特质，但这并不意味着新浪门户＋博客＋微博的布局就是简单地将微博朝媒体化来运营。虽然从具体的产品线看，新浪微博在重点推荐的栏目，包括微直播、微访谈、微博日报、人气热榜、热门话题等都具备媒体化的属性，但这只是新浪“媒体、社区和开放平台”三步走开放平台战略的第一步，先实现媒体性，然后过渡到社交网络，最后是应用平台。新浪方面也证实，媒体属性只是新浪微博最底层的属性，之后还将加入更多的内容。

正确的理解是，微博未来不仅仅是新媒体平台，更是信息交互、应用分发、电子商务平台，把微博理解成为媒体是狭隘、短视的。人际实时交互关系网络是微博逻辑的核心，这就使得微博未来不可避免地与社区会有一战，战争的结果是微博、社区的互相渗透、互相拥抱、互相融合。微博与社区之间的进入、碰撞，既是主动又是被动的。对于优势不同的主体来说，这是一场时间的赛跑，彼此都要利用对方的不足打时间差。

相对于网易和搜狐的小步慢跑，这才是真正的新门户革命。借助微博的新门户革命，新浪可以建立起与腾讯、百度、阿里巴巴相提并论的平台，与巨头们坐而论道。

接下来的问题是，新浪准备革谁的命？

如果这个问题放到5年前，答案或许是搜狐、网易这样的传统门户同行；而当今天新浪已经明显走在两个老对手前面、手握微博这样的利器时，那答案只有一个：谁要革门户的命，我就革他的命。

曾经在“个人门户”时期欺负过门户网站的百度、腾讯，你们要小心了。

不过，在曹国伟为新浪微博规划的蓝图中，虽然搜索、电子商务都可能成为新浪新的突破点，但这两块业务都存在着很高的门槛。再加上在目前的产品线构成上，百度和阿里巴巴与新浪的重合度都不是很大，也不大存在“做出一个艰难的决定”、生死相争的可能，那么剩下只有一个对手：腾讯。

这是一场平台之战。

腾讯以IM起家，但借助IM这个平台，“插根扁担都会开花”的腾讯开始四面出击，依靠着QQ的客户端和新闻弹窗，一举将新浪、网易、搜狐三大门户的格局改写为四大门户。而在新浪微博开始爆发时，腾讯也迅速跟进这一领域，成为新浪的强劲对手。

可以说，在过去，新浪吃尽了腾讯平台的亏。

2010年11月16日召开的新浪开发者大会的意义，不在于新浪推出了单独的域名或者是设立了多少开发者基金，而是标志着，通过新浪微博的开放，新浪将从传统的门户向平台进行过渡。借助它在新媒体上的影响力和布局，建立起门户、博客加微博的平台，有最广泛的渠道能力和强大的执行力。当年的新闻门户和博客没有使新浪变成平台，但微博却通过对信息和用户关系网络的重塑，使新浪第一次具有了这种强大的力量。

相比起腾讯用IM作为核心构建自己的平台，微博的优势在于同时嫁接了新闻所代表的信息流和IM所代表的人际网络，并且相对于IM的双向传播，微博的多向整合传播力量更加强大。而这种力量，相对于之前的新闻资讯和个人博客，非常有利于新浪和开发者、用户之间形成一种稳固而不断扩张的关系网络。毫无疑问，建立在微博上的平台要比腾讯建立在IM上的平台更加高级。

在过去新浪没有平台的时候，面对腾讯的进攻，新浪很多时候只能克制自己打不还手、骂不还口；而有了微博这个平台，陈彤可以在自己的地盘骂“某网站贪得无厌”。在3Q大战爆发后，第一个跳出来支持360的就是新浪——虽然新浪和360没什么太深的交情，但是新浪与腾讯的梁子结得实在太深了。而颇有意思的是，腾讯还在新浪微博注册了一个官方微博（甚至为了让新浪微博不在3Q大战中拉偏架，马化腾还亲自给曹国伟打了一通电话），之后在3Q大战打得最激烈的时候在新浪上做自辩，倒也起了一定的效果。不过相对于实际效果，更多的意义是在精神层面的。在新浪和360一唱一和地占据舆论高点指责腾讯的时候，跑到新浪家里发微博，这多能恶心到新浪啊。

就在3Q大战硝烟尚未散尽时，新浪也开始了对腾讯的反击：2010年11月11日，新浪与MSN中国宣布达成合作协议，全面涵盖微博、博客、即时通信、资讯内容和无线等产品。腾讯的反应也不慢，2010 年 11 月 17 日下午，腾讯曾短时间屏蔽新浪微博“QQ 助手”应用，这个应用的功能是将 QQ 签名及信息同步分享到新浪微博。虽然腾讯在当天晚间马上给予解封，避免了事态的扩大化，却将目前腾讯和新浪之间的关系，推向了一个很微妙的境地。

由于新浪和腾讯的针锋相对，有人就预测，在 360 PK 腾讯之后，下一场互联网大战将在新浪和腾讯之间爆发。如果果真如此，恐怕最失望的人就是周鸿祎。腾讯和新浪抢先开打，那么腾讯再和百度两线开战的可能性几乎为零，而周鸿祎希望借腾讯与百度抢夺搜索地盘的计划，也要无限期推迟。

如果说 3Q 大战是两大客户端为争夺用户而展开的话，那么未来新浪和腾讯在微博的战争则是对用户社交关系的争夺。但在具体的做法上，二者却不大相同。

与 QQ 维系的是熟人之间的关系不同，在新浪微博上，很多粉丝在加你之前可能是从未谋面的陌生人。目前新浪不在意微博是否盈利，而是通过造势聚人气、培养用户的黏性，意图就是通过不断优化，扩大用户规模，在最快的时间建立起用户规模壁垒，帮助用户与陌生人建立社交关系，等用户社交关系都沉淀到微博上，离不开微博，自然就和 QQ 一样赚钱了。而腾讯算的又是另外一笔账：你做微博，我也会跟进；现在在争夺陌生人之间的社交关系上你领先了没关系，从陌生人变为熟人后，你们还是会用 QQ 聊天。

IM 的这种天然优势，确实很让新浪头疼。就像做电子商务的淘宝必须有自己的 IM 来捍卫主权一样，新浪也需要一款 IM 来帮助用户维系社交网络。那么，新浪与 MSN 的合作，也就顺理成章了。

但也正因为如此，如果腾讯稍有松懈，真的抱着“反正你们最后还是要用 QQ 聊天”的态度放松对微博的投入，那么腾讯恐怕就麻烦了。这个“反正你们最后还是要用 QQ 聊天”是战略，战略上可以轻视敌人，在战术上还是需要重视敌人，不然吃亏的是自己。无论如何，这种在 IM 和微博之间的微妙关系必然会影响腾讯对微博的投入。一个是全力以赴，一个是抱着打不过就撤，反正我们还有后路的态度，腾讯的微博注定干不过新浪。

即便如此，新浪的平台化之路也还有很长的路要走。如之前提到的“媒体、社区和开放平台”三步走，从媒体到社区是最为关键的一环，如何引导用户进行沟通，继而构建一个“全息沟通的平台”，以满足用户多层次的沟通需求和全方位的社交需求，在此基础上实施开放，引进更多的开发者充实自己的力量，则是新浪与腾讯正式开战之前需要继续补齐的短板。

如果说，互联网的第一个 10 年是门户网站的时代，第二个 10 年是搜索引擎和 IM 的时代，那么在互联网的下一个 10 年，则有可能是微博和 SNS 争雄的时代。借助微博，新浪又一次站到了激烈的互联网竞争的最前端，直接面对腾讯的挑战。在挑战的背后，是正在崛起的微博和开始不得不让出自己位置的 IM 两股势力的替代和争夺。

新浪的挑战，才刚刚开始。

TABLES

第八章

# 一切都还在继续

结束了吗?

结束了。

真的结束了吗?

没有。

从理论上来说,写到这里,关于TABLES之间你追我赶、恩怨情仇、尔虞我诈的故事已经结束了,但从它们的未来看,还应该有更多的故事。

废话。

在写这本书的过程中,我曾经想过各用一个词来形容TABLES中包含的各方势力,这些词之间最好还相互有一定联系,最后还真的给我找到了:腾讯的快速发展和扩张,可以称之为疾如风;阿里巴巴的圈地自守,不主动挑衅其他势力,可以称之为不动如山;李彦宏领导下的百度的隐忍和竞价排名中的猫腻,可以称之为难知如阴;雷军通过天使投资徐徐展开的宏大布局,可以称之为徐如林;周鸿祎打江山的手段,可以称之为急掠如火;而新浪微博的发力,可以称之为动如雷霆。

疾如风、徐如林、急掠如火、不动如山、难知如阴、动如雷霆,合称兵家之“六如真言”。

兵者,诡道也。战场上形势的瞬息万变,要求指挥者必须合理使用不同的策略，才能在各种环境中都应付自如。同样，TABLES 虽然都具备能打胜仗的特质，但在一些方面上，还应该相互学习对方的长处，才能让自己立于不败之地。

写到这里，我想起了在北京的咖啡馆，Keso 和我就 TABLES 这个话题聊天时说的一句话：

“其实我觉得，从长期来说他们合作比竞争好处更大。”

是的，为什么 TABLES 这几大势力，非要想着你搞我我搞你呢？以一种和谐的方式共存，那不好吗？

你或许会说，这不可能。我自己做得好好的，为什么要和你合作呢？

好吧，先不管可能不可能，先来讲讲我当年玩 KOEI 游戏时候的一个故事。

稍微资深一点的玩家或许听说过 KOEI（光荣）这个游戏公司，这是大名鼎鼎的《三国志》系列的开发者。在把中国的历史做成游戏之后，KOEI 又推出了《太阁立志传》等一系列以日本战国时代为背景的游戏，这里的太阁就是在日本的战国时代统一了日本的丰臣秀吉，太阁是他统一日本、搞定天皇之后的自称。

我当年也玩过一些日本战国时代背景的游戏，但在玩的时候对于游戏的设定感到别扭——弄了半天，才训练出几十号、几百号人去攻城，和三国游戏中动辄几万人没有一点可比性啊。后来才清楚，这是真事。

当年明月在《明朝那些事儿》中对日本的战国时代的描述，或许更能说明问题：

“说句寒酸话，日本历史中大书特书的所谓战国时代，也就是几十个县长（个别还是乡长）打来打去的历史，更讽刺的是，最后统一县长们的，竟然是个农民。”

每当我看到日本把这些几十上百人打来打去过家家一般的事情堂而皇

之、郑重其事地写在他们的历史书中，我都忍不住想笑。后来见得多了，我也开始理解他们了：毕竟日本就巴掌大那么一块地方，他们的格局也就那个样，原谅他们的坐井观天吧。

是的，关于格局，这才是我想说的话。

我们今天可以笑日本的战国时代是一群乡长县长过家家，那么，我们今天看起来波澜壮阔的3Q大战，在未来人眼里又会是什么呢？

我们就回过头来，说说3Q大战中的格局吧。

这次360和腾讯两个公司的掐架，就是一次以中国庞大的客户群作为赌注的商业战争。但是，双方的手法都不怎么高明。

如何判断这种竞争手段是正常还是低劣呢？

很简单，就是双方是否遵循了用户至上的原则。

如果这种竞争手段让用户感到厌烦，感到不适应，被迫卷进他们的恶性竞争的时候，就属于低劣的竞争手段。

如果具体一些，不妨看看传统行业中，可口可乐和百事可乐的故事。

19世纪80年代，一个名叫约翰·庞巴顿的业余药剂师，因致力于头疼药水的研究，最终用14种原料调配出了可口可乐。为了保险，他将配方保存在亚特兰大市银行的保险柜里——这就是传说中的武功秘籍了。

记得可口可乐的某位CEO曾经说过，哪怕有一天，全世界可口可乐的厂房全部付之一炬，可口可乐也可以重新站起来。有人理解为这是品牌的力量，但归根结底还是这张配方的力量。

——这可是可口可乐的核心价值所在啊，没有了这张配方，你敢说这句话？

关于这张配方的故事是，事情真的像某些狗血的电视剧那样发展，内鬼出现了，他窃取了可口可乐的秘籍，来献给百事可乐。

但百事在关键时刻显示了他们的骑士精神——他们不仅不看这个武功

秘籍，还把内鬼送回可口可乐公司惩治。

于是现在百事还在锲而不舍地追赶着可口可乐……

可以想象，如果不是百事在关键时刻这种“骑士精神”作祟，自己早就应该成为可乐行业的老大了吧；甚至，百事可以根据可口可乐的配方改进自己的产品，让喝百事的人终身不能喝可口可乐，否则药剂在人体内发生反应，吐血身亡……

好吧，我知道很多人会把可口可乐和百事可乐的君子之争当笑话。中国确实是一片神奇的土地，在互联网行业，不知多少巨头在这里吃了苦头，真正能够活得滋润的，都是深刻理解中国国情的土鳖，或者能在土鳖和海龟之间自由切换的跨界者。

所谓一方水土养一方人。

历史学家早有定论：由于高度发达的封建社会，中国是小农意识最为发达的国家。这种小农意识影响了我们一代又一代，所以，在这件事情的解决方式上，360 和腾讯乃至整个互联网行业所表现出来的小农意识也就不足为奇了。哪怕双方从事的是和国际接轨程度最高的互联网，但是说到底，就算受了国外思想的启蒙，最多也是旧社会喝了两年洋墨水的假洋鬼子，关键时刻还是会显露出自己的小农意识。

这与从事的是传统行业还是朝阳产业无关，只与商业环境的积累有关。而这种商业环境和思维的差异，或许与中西文化的差异有关，而中西文化的差异或许与历史有关。

中国的故事，大概要从秦始皇的时候说起：

话说秦始皇统一了六国之后，国家版图大了许多，人口也多出很多。突然他觉得当大王的日子很没意思，觉得权力不够大，地位不够崇高，于是他想出了一个很好的主意，他要当皇帝。

这个皇帝的职权被他定得很大，全国的政治、经济、军事都归他管。比如哪里打仗，哪里要赈灾抢险，哪里要裁员，这些都得听他的。这样一来，他的权力就比原来当大王的时候大了很多。他又设立了三公九卿的中央管制制度，但是这些人都得听他的，这样一来，他的权力依然很大，但不那么累了。等到全国大体制度建立了，他又让地方按部就班照他的想法实施起来，在全国各地设立郡县，这样一整套从高到低的制度就像一座金字塔被建成了。

这样的中央集权制度，有利于皇帝统治全局，于是就一代代地传了下来。

美国的故事则简单得多。在独立战争中，华盛顿带领美国人民取得了胜利，被尊为“国父”，并以全票当选为第一、二届美国总统。但是接下来的故事是，在华盛顿不顾美国公众的强大压力，坚拒连任第三届总统。他在对美国人民的《告别辞》中，宣布他将退出政治和公共生活。其后他果然退隐弗农山庄，直至病逝。

华盛顿的这一举动开创了一个先例，那就是美国没有人可以成为终身总统，也不允许连任三届总统。不仅如此，华盛顿还奠定了三权分立的基础，简单地说就是自己当上总统之后，不仅没有把所有权力抓在手里，而是找了几个人来分自己的权，监督自己。

为什么？

因为在他的内心深处，有着一颗敬畏之心。

“纯粹的政治家应当同虔诚的人一样，尊重并珍惜宗教和道德。”如果这句话出自张三或李四之口，说不定会引来哄堂大笑。但难得的是，华盛顿一生中都在尽可能地身体力行。

这就是中国思维和以美国为代表的西方思维根源上的区别。

如果归结成一句话，那就是中国人说，人定胜天；西方人说，要保持敬畏之心。

再回到东方小农意识 VS 西方商业智慧的话题来。

不靠天，不靠地，靠自己。这是 CCTV《赢在中国》一位来自深圳、从事互联网行业的选手所说的话，嘉宾俞敏洪点评：靠天，靠地，也靠自己。

这当中就是东方小农意识与西方商业智慧出发点的不同。

在这里我并没有贬低中国思维，或者崇洋媚外抬高西方思维的意思。我只是觉得，要做一件事，至少要知道其他人是怎么做的，还有其他什么样的做法。唯其如此，才能做到全面、客观地评估，让自己走得更远。

所以，如果这本书的读者只是想看 TABLES 之间的故事，到这里已经没有什么好说的了。中国互联网的未来格局，或许就是在这几家之间的进一步延伸。但如果把眼光放得更远一点，想要像当年的 TABLES 一样找到未来中国互联网的机会，或许要行千里路，读万卷书，从更高的格局上着眼。

因为：

未来将由你来书写。

# 后　记

## 如果有明天，祝福你亲爱的

2011年3月底，本书初稿完稿后的第一次修改暂告一段落的时候，大洋彼岸传来了360上市的消息。这就意味着这本书又有新的内容可加入，本书又需要做新的修订。同时出版社方面也反馈了一些建议，例如：本书TABLES概念虽然涵盖了国内主要互联网公司，但还有一些规模不大、当下并不出彩仍不可忽视的势力，比如网易、搜狐等，甚至现在方兴未艾的团购网站等，虽然难以归类，有没有可能另外单独开辟一章总体上点评?

在写这本书的时候，我们的设想是，这是一本写格局的书。当时的业界已经普遍接受了中国互联网三大巨头"BAT"或者"TAB"的概念，自然我们希望在这三大巨头之外有新的元素加入，反映中国互联网的变化趋势。

于是就有了“TABLES”的概念。可以说这一概念并非自然形成，而是先有从TAB出发延伸的一个概念，再根据这个概念按图索骥。TAB三巨头好说，但要寻找能和三巨头在一张桌子上坐而论道、同时名字中又包含相应字母的公司，却是颇费了我们一番工夫。

例如，“L”我们曾经想解释为“Lever”（杠杆），用来描述在中国互联网发展中为互联网企业提供弹药、像阿基米德用杠杆一样撬动地球的天使投资人；“E”我们曾经想过网易，英文“Netease”中的E也勉强能对得上；而S开头的公司就更多了，新浪（Sina）、搜狐（Sohu）、盛大（Soda）……

最后确定这六家公司（人）的过程也是一个“大胆假设、小心求证”的过程，我们先是列举出了所有可能，然后对这些可能进行推敲和评估，也逐步排除了一些我们一开始在脑海中抢先跳出来的公司。所以后来还没有动笔的时候，林军就说，这些被我们淘汰下去的公司还是能做不少贡献的，至少他已经想好了这本书做推广时候的一些标题，例如“桌子边为什么没有盛大”，等等。

这也是最后这本书中为什么没有团购，为什么没有人人，为什么没有曾经的首富们（丁磊、陈天桥）的原因。不可否认，他们都代表着中国互联网的一股力量，但这不是本书想强调的重点。

那么，这本书想要强调的重点是什么呢？

要回答这个问题，就要从我们开始做这本书的策划说起。做策划的第一件事是要弄清楚目标用户，我们扳着指头数了三类人：(1) 对互联网感兴趣的读者；(2) 互联网从业人士；(3) 互联网创业者。从总体数量上看，这三类人的数量是递减的；但从他们对这本书的期望看，却又是递增的。

对互联网感兴趣的读者，故事当然是最能打动他们的内容。精彩的故事人人爱看，就算不碰互联网，至少知道了这些东西，到时候也可以成为朋友聚会中的话题；就算和行内人士聊天，也不会露怯了不是？

而对于互联网的从业人士来说，他们的要求可能就要高一些。除了想知道几大巨头之间的竞合关系外，可能还想了解这种竞合背后的故事，几大巨头未来的布局和给整个行业的变化，等等。

最后一类，互联网创业者，可以说他们的要求最高。除了以上内容，他们或许更关心，在几大巨头已经划分地盘的情况下，互联网还能不能玩，还存在什么样的机会；或者，从几大巨头崛起的背后，能够学到点什么东西。

这当中的内容，真要做到面面俱到的确挺难。尤其是对于要求最高的创业者来说，他们想必是带着自己的问题去读本书的，真要回答清楚这些问题，我想以现在的篇幅，乘上 3 恐怕都不一定打得住。但话说回来，如果不求最全、但求最有特点，再稍微偷一点懒，给读者们略略留一点自己思考的空间，以现在六大巨头的篇幅，应该差不多了。

古人说过，以史为鉴，可以知兴替。虽然是写格局、写未来的书，但还是有不少讲过去故事的内容。有一句话叫性格决定命运，因为过去的经历形成了现在的性格，也就决定了未来的命运，这里也是这样。

在采访中周鸿祎也说过类似的话。在他看来，现在互联网大成者，他们在做一件事的时候都会有路径的依赖。因为过去的经历，才会有之后的决策，包括他本人的互联网思维不是一开始就怎么样，而是一点一点积累的，并不是大家想象的那样一来就高瞻远瞩。如果你确信这一点，或许再回过头去看看六大巨头们走向成功的道路，有必然也有偶然，甚至可能偶然的因素要大于必然。

鉴于此，这本书采取了一种比较新颖的写法，在描写时力图深入浅出、生动有趣，这当中可能对事件本身有所牺牲。但话说回来，这本书并非正史，只是希望以我们的视角去表达我们所看到的必然和偶然。就像关于弥勒佛的一副对子，叫“大肚能容天下难容之事，大嘴能笑天下可笑之人”。对于我们看到并解读的一些内容，我们已经忍不住大嘴笑了，也还希望各位，不管是读者或是书中所涉及之人，如果觉得我们说得不对，也能够大肚能容。

我们想要的，并非将我们的结论简单灌输给读者，而是给这本书的读者一些启示和思考；然后，根据自己的情况，形成自己的结论。在这个已经由被贴上高科技标签慢慢沦为准劳动密集型、快要变成红海的行业，不敢说能够屹立于潮头，但希望能找准自己的位置。

这不是一件容易的事情。所以我想先感谢我的伙伴林军，他是《沸腾十五年——中国互联网史 1995—2009》的作者，对中国互联网有着深刻的理解。按他的说法，这本书可以看做《沸腾十五年》的后续。从一开始他就积极参与这一项目，不但贡献了这本书的选题和最初的思路，并参与了这本书部分章节的写作，在完成本书一稿之后又进行了第一次修改，让这本书从一稿的天马行空变得切合实际，精彩好看。

感谢英鹏兰德的同事和互联网老兵群的群友们，他们是华夏、冯玉麟、张涛、张海春、王浩、端木忧伤、周瑭、刘爽、黄子雄、夏科艺、阿虾、邱南奇、黄建华、祖腾、蒙子等人。在写作的过程中，我与他们有过或直接或间接的交流，或许他们当中有的人没有意识到，但他们确实是为这本书的成形给我很大帮助。

感谢《商业价值》的成远、《南方周末》的张华和《南方人物周刊》的张欢对他们长期关注企业的文字及录音分享；感谢《环球企业家》的罗燕对腾讯开放的探讨；感谢蓝狮子的编辑王留全、贺颖彦、徐蓁和陶英琪，感谢他们在本书的写作过程中对我的支持以及对本书的推动。

最后这本书献给我的女儿岑晨（Yoyo），她出生于 2010 年 9 月 23 日，也差不多是这本书开始进行筹备的日子。可以说这本书一点一点成形的过程也是 Yoyo 一天一天成长的过程，这是一种奇妙的感觉，也让我能以对待自己的孩子一样来对待这本书的写作。也感谢我的妻子洪孟宏，有她的支持，才能让我更好地投入这本书的写作。

# 后　记
## 如果有明天，祝福你亲爱的

后记的名字来自《老男孩》，在这部短片热播的时候，我正在北京为本书做采访，当中也和林军一起为了另一本书采访了TCL多媒体的一位前副总裁。我曾在TCL工作过一段时间，这次采访让我了解到了当时因为所处位置不够而看不到的许多内容，也对郭士纳所说的"谁说大象不能跳舞"和"大象为什么不能跳舞"有了更深的认识。的确，在这个快鱼吃慢鱼的数字时代，网络经济以更轻的公司形态、更快的反应速度得以崛起，但对于那些大象一般庞然大物的传统企业来说，他们有自己的智慧传承，在诸如公司治理、流程再造方面有着比互联网新贵们更深刻的理解。而当迅速成长，曾经代表最新、最潮、最先进生产力的互联网公司有一天突然回首，发现自己也变成了他们所嘲笑过的那些庞然大物的时候，又该拿什么来拯救，是《老男孩》中让我们泪流满面的激情吗？

时间是公平的，对于每个人来说一天都是24小时。让我们把这句话稍微变一下：机会是公平的，对于大象们或是尚未成长为大象的创业者们来说，关键看谁更会跳舞。

这是最好的时代，也是最坏的时代。

曾经和雨林木风的创始人赖霖枫谈过中国互联网未来的机会，他认为现在留给创业者的空间越来越少了，而随着他的企业做得越大，这种感觉也就越发强烈。相对于他的这种比较悲观的论调，我个人倒是要乐观得多。互联网的网络丛林中，物竞天择、适者生存的法则一直在起作用。新的模式会不断出现，新一代的创业者会不断成长，更多的偶然会不断涌现，在这样的情况下，怎么可能没有必然呢？

如果你也相信明天，让我们一起祝福，亲爱的。

岑　峰

2011年5月

**图书在版编目(CIP)数据**

TABLES：改变中国互联网未来的六大力量/岑峰著.
—杭州：浙江大学出版社，2011.11
ISBN 978-7-308-09041-4

Ⅰ.①T… Ⅱ.①岑… Ⅲ.①互联网络—发展—研究—中国 Ⅳ.①TP393.4

中国版本图书馆 CIP 数据核字（2011）第 172490 号

**TABLES：改变中国互联网未来的六大力量**
岑 峰 著

---

**策 划 者** 蓝狮子财经出版中心
**责任编辑** 王长刚
**出版发行** 浙江大学出版社
（杭州市天目山路 148 号 邮政编码 310007）
（网址：http://www.zjupress.com）
**排 版** 杭州大漠照排印刷有限公司
**印 刷** 浙江印刷集团有限公司
**开 本** 710mm×1000mm 1/16
**印 张** 13.5
**字 数** 173 千
**版 印 次** 2011 年 11 月第 1 版 2011 年 11 月第 1 次印刷
**书 号** ISBN 978-7-308-09041-4
**定 价** 36.00 元

---


浙江大学出版社发行部邮购电话（0571）88925591